一周轻松读懂建筑工程施工图

全图解 建筑水暖电施工图

张 跃 主 编
许宏峰 副主编

U0361523

中国电力出版社
CHINA ELECTRIC POWER PRESS

内 容 提 要

本书把教学内容分为7天学完，每天8个小时，第1天为建筑水暖电施工图的基本知识，第2天和第3天为给水排水施工图实例和讲解，第4天和第5天为暖通施工图实例和讲解，第6天和第7天为电气施工图实例和讲解。

本书内容翔实，参考最新国家制图标准，引用相关实例表述准确，针对性强，可为新接触建筑工程识图人员提供系统的理论知识与识读方法。使初学者能够快速地了解、掌握工程识图的相关知识。

本书可作为相关专业院校的辅导教材，也可作为建筑工程施工、管理人员的参考用书。

图书在版编目（CIP）数据

一周轻松读懂建筑工程施工图. 全图解建筑水暖电施工图 / 张跃主编. —北京：中国电力出版社，2019.1(2021.10重印)
ISBN 978-7-5198-2301-6

Ⅰ.①一…　Ⅱ.①张…　Ⅲ.①房屋建筑设备-给水设备-建筑制图-识图②房屋建筑设备-采暖设备-建筑制图-识图③房屋建筑设备-电气设备-建筑制图-识图
Ⅳ.①TU204

中国版本图书馆CIP数据核字（2018）第174082号

出版发行：中国电力出版社
地　　址：北京市东城区北京站西街19号
邮政编码：100005
网　　址：http://www.cepp.sgcc.com.cn
责任编辑：王晓蕾（010-63412610）
责任校对：黄　蓓　郝军燕
装帧设计：王英磊
责任印制：杨晓东

印　　刷：三河市百盛印装有限公司
版　　次：2019年1月第一版
印　　次：2021年10月北京第三次印刷
开　　本：787毫米×1092毫米　8开本
印　　张：10.75
字　　数：281千字
定　　价：46.00元

前　言

随着我国经济和科学技术的发展，建筑行业已经成为当今最具活力的行业之一，建筑行业的从业人员越来越多，提高从业人员的基本素质已成为当务之急。

施工图是建筑工程设计、施工的基础，也是参加工程建设的从业人员素质提高的重要环节。在整个工程施工过程中，应科学准确地理解施工图的内容，并合理运用建筑材料及施工手段，提高建筑行业的技术水平，促进建筑行业的健康发展。

本书为“一周轻松读懂建筑工程施工图”系列丛书之一。本套丛书共三本，分别为《全图解建筑施工图》《全图解建筑结构施工图》《全图解建筑水暖电施工图》。

为了更加突出应用性强、可操作性强的特点，本书采用“1天学习识图知识”+“6天读懂施工图案例”的方式，以便读者结合真实的现场情况系统地掌握相关知识。前1天以循序渐进的方式介绍了工程图识读的思路、方法、流程和技巧，后6天通过整套施工图实例加以详解进一步完善读图知识。

通过第1天的内容，我们学习了建筑给水排水工程总平面图与平面图、建筑给水排水工程系统展开原理图与系统图、建筑给水排水工程详图、建筑暖通工程平面图、建筑暖通工程系统图、建筑暖通工程详图、电力工程图、动力及照明供电系统图，对建筑水暖电施工图有了初步的认识，可以识读简单的建筑水暖电施工图。

第2～6天，我们对三个真实案例“住宅楼工程暖通施工图”“住宅楼工程给水排水施工图”“住宅楼工程电气施工图”进行详细的解读。在读者识读的过程中，用旁边解析的方式进一步帮助读者理解读图知识，达到融会贯通的目的。

本书由张跃任主编，许宏峰任副主编，其他参加编写的人员有张日新、袁锐文、刘露、梁燕、吕君、王丹丹、葛新丽、陈凯、臧耀帅、孙琳琳、高海静。

在编写的过程中，参考了大量的文献资料，借鉴、改编了大量的案例。为了编写方便，对于所引用的文献资料和案例并未一一注明，谨在此向原作者表示诚挚的敬意和谢意。

由于编者水平有限，疏漏之处在所难免，恳请广大同仁及读者批评指正。

编　者

2018年8月

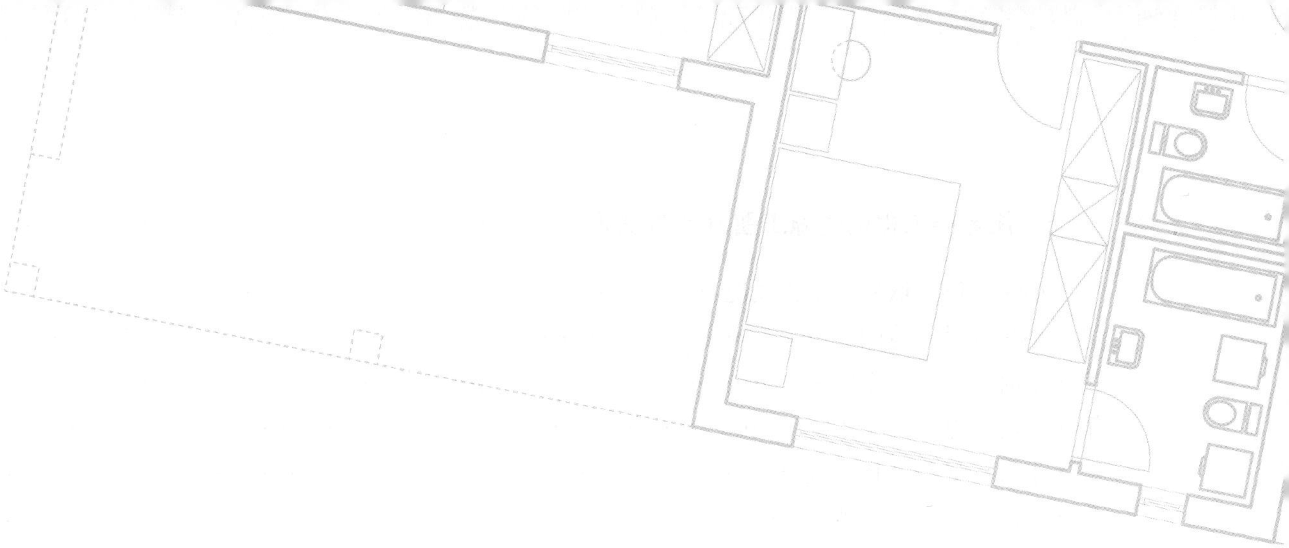

目　录

前　言

第 1 天　建筑水暖电施工图的基本知识 …… 1

第 1 小时　建筑给水排水工程总平面图与平面图的识读 …… 1
第 2 小时　建筑给水排水工程系统展开原理图与系统图的识读 …… 2
第 3 小时　建筑给水排水工程详图的识读 …… 3
第 4 小时　建筑暖通工程平面图的识读 …… 3
第 5 小时　建筑暖通工程系统图的识读 …… 4
第 6 小时　建筑暖通工程详图的识读 …… 4
第 7 小时　电力工程图的识读 …… 4
第 8 小时　动力及照明供电系统图的识读 …… 6

第 2 天　住宅楼工程给水排水施工图设计总说明 …… 10

第 1 小时　设计依据及工程概况 …… 10
第 2 小时　设计范围 …… 10
第 3 小时　消防、给排水系统 …… 10
第 4 小时　管材及管材接口 …… 11
第 5 小时　管道敷设与连接 …… 12
第 6 小时　阀门、管道试压 …… 12
第 7 小时　防腐、保温及油漆 …… 13
第 8 小时　其他 …… 13

第 3 天　住宅楼工程给水排水施工图识读详解 …… 15

第 1～2 小时　详解住宅楼工程给水排水平面图 …… 15
第 3 小时　详解住宅楼工程喷淋平面图、系统图 …… 15
第 4 小时　详解住宅楼工程设备管道层平面图 …… 15
第 5 小时　详解住宅楼工程户型给水排水系统图 …… 15
第 6 小时　详解住宅楼工程泵房给水排水详图 …… 15
第 7 小时　详解住宅楼工程住宅部分排水、给水、中水立管图 …… 15
第 8 小时　详解住宅楼住宅部分消火栓立管图 …… 15

第 4 天　住宅楼工程暖通施工图设计总说明 …… 29

第 1 小时　设计依据及工程概况 …… 29
第 2 小时　采暖通风设计参数 …… 29
第 3 小时　采暖系统设计 …… 29
第 4 小时　通风系统设计 …… 29
第 5 小时　防排烟系统设计 …… 30
第 6 小时　消防自动控制 …… 30
第 7 小时　节能设计 …… 30
第 8 小时　其他 …… 30

第 5 天　住宅楼工程暖通施工图识读详解 …… 32

第 1～2 小时　详解住宅楼工程地下一层暖通平面图 …… 32
第 3 小时　详解住宅楼工程设备夹层暖通平面图 …… 32
第 4 小时　详解住宅楼工程一层暖通平面图 …… 32
第 5 小时　详解住宅楼工程二层暖通平面图 …… 32
第 6 小时　详解住宅楼工程标准层暖通平面图 …… 32
第 7 小时　详解住宅楼工程屋顶通风平面图 …… 32
第 8 小时　详解住宅楼工程正压送风原理图及住宅部分采暖立管图 …… 32

第 6 天 住宅楼工程电气施工图设计总说明 …… 40
第 1 小时 设计依据及工程概况 …… 40
第 2 小时 设计范围 …… 40
第 3 小时 供配电系统 …… 40
第 4 小时 电气照明系统 …… 41
第 5 小时 导线选择及敷设 …… 41
第 6 小时 防雷与接地 …… 41
第 7 小时 弱电系统 …… 42
第 8 小时 其他 …… 42

第 7 天 住宅楼工程电气施工图识读详解 …… 44
第 1 小时 详解住宅楼工程强电系统图 …… 44
第 2 小时 详解住宅楼工程弱电系统图 …… 44
第 3 小时 详解住宅标准层强电、弱电平面图 …… 44
第 4 小时 详解住宅楼工程 13、14 号楼电力平面图 …… 44
第 5 小时 详解住宅楼工程 13、14 号楼照明平面图 …… 44
第 6 小时 详解住宅楼工程 13、14 号楼火灾自动报警平面图 …… 44
第 7 小时 详解住宅楼工程 13、14 号楼基础接地平面图 …… 44
第 8 小时 详解住宅楼工程顶层机房电气平面及屋顶防雷接地平面图 …… 44

参考文献 …… 80

第1天

建筑水暖电施工图的基本知识

第1小时　建筑给水排水工程总平面图与平面图的识读

(1) 给水排水工程总平面图。

给水排水总平面图主要表达建筑物室内外管道的连接和室外管道的布置情况，识读方法如下。

1) 给水排水构筑物。在建筑给水排水总平面图上应明确标出给水排水构筑物的平面位置及尺寸。给水系统的主要构筑物有水表井（包括旁通管、倒流防止器等）、阀门井、室外消火栓、水池（生活、生产、消防水池等）、水泵房（生活、生产、消防水泵房等）等。排水系统的主要构筑物主要有：出户井、检查井、化粪池、隔油池、降温池、中水处理站等，在图中标出各构筑物的型号以及引用详图。

2) 生活（生产）和消防给水系统。在建筑给水排水总平面图上应明确标出生活（生产）和消防管道的平面位置、管径、敷设的标高（或埋设深度），阀门设置位置，室外消火栓（包括市政已经设置室外消火栓）、消防水泵接合器、消防水池取水口布置。

3) 雨水和污水排水系统。在建筑给水排水总平面图上应明确标出雨水、污水排水干管管径和长度，水流坡向和坡度，雨水、污水检查井井底标高与室外地面标高，雨水、污水管排入市政雨水、污水管处接合井的管径、标高。

4) 热水供应水系统。在建筑给水排水总平面图上应明确标出热源（锅炉、换热器等）位置或来源，建设区内热水管道的平面位置、管径、敷设的标高、阀门设置位置等。

5) 间距。在建筑给水排水总平面图上要明确标出各种管道平面与竖向间距，化粪池及污水处理装置等与地埋式生活饮用水水池之间距离。对于距离不满足要求的，应交代所采取的有效措施。

小贴士

对于简单工程，一般把生活（生产）给水、消防给水、污水排水和雨水排水绘在一张图上，便于使用；对较复杂工程，可以把生活（生产）给水、消防给水、污水排水和雨水排水按功能或需要分开绘制，但各种管道之间的相互关系需要非常明确。

一般情况下，建筑给水排水总平面图需要单独写设计总说明，在识图时应对照图纸仔细阅读。

(2) 给水排水工程平面图。建筑给水排水工程平面图是在建筑平面图的基础上，根据给水排水工程图制图的规定绘制出的用于反映给水排水设备、管线的平面布置状况的图样，是建筑给水排水工程施工图的重要组成部分，是识读其他建筑给水排水工程施工图的基础。给水排水工程平面图的识读方法如下。

1) 建筑给水平面图是以建筑平面图为基础（建筑平面以细线画出），表明给水管道、卫生器具、管道附件等的平面布置的图样。

2) 建筑给水工程平面布置图主要反映的内容：表明房屋的平面形状及尺寸、用水房间在建筑中的平面位置；表明室外水源接口位置、底层引入管位置以及管道直径等；表明给水管道的主管位置、编号、管径，支管的平面走向、管径及有关平面尺寸等；表明用水器材和设备的位置、型号及安装方式等。

3) 建筑给排水管道平面图是施工图纸中最基本和最重要的图纸，常用的比例是1∶100和1∶50两种。它主要表明建筑物内给排水管道及卫生器具和用水设备的平面布置。图上的线条都是示意性的，同时管配件如活接头、补心、管箍等也不画出来。因此在识读图纸时还必须熟悉给排水管道的施工工艺。

4) 在识读管道平面图时，先从目录入手，了解设计说明，根据给水系统的编号，依照外管网→引入管→水表井→干管→支管→配水龙头（或其他用水设备）的顺序认真细读。然后要将平面图和系统图结合起来，相互对照识图。识图时应该掌握的主要内容和注意事项如下。

① 查明用水设备（开水炉、水加热器等）和升压设备（水泵、水箱等）的类型、数量、安装位置、定位尺寸。各种设备通常是用图例画出来的，它只能说明器具和设备的类型，而不能具体表示各部分的尺寸及构造，因此在识图时必须结合有关详图或技术资料，搞清楚这些器具和设备的构造、接管方式和尺寸。

② 弄清给水引入管的平面位置、走向、定位尺寸，与室外给水管网的连接形式、管径等。给水引入管通常都注上系统编号，编号和管道种类分别写在直径为8～10mm的圆圈内，圆圈内过圆心画一水平线，线上面标注管道种类，如给水系统写“给”或写汉语拼音字母“J”，线下面标注编号，用阿拉伯数字书写，如$\frac{J}{1}$、$\frac{J}{2}$等。给水引入管上一般都装有阀门，阀门若设在室外阀门井内，在平面图上就能完整地表示出来。这时，可查明阀门的型号及距建筑物的距离。

③ 消防给水管道要查明消火栓的布置、口径大小及消防箱的形式与位置，消火栓一般装在消防箱内，但也可以装在消防箱外面。当装在消防箱外面时，消火栓应靠近消防箱安装。消防箱底距地面1.10m，有明装、暗装和单门、双门之分，识图时都要注意搞清楚。除了普通消防系统外，在物资仓库、厂房和公共建筑等重要部位，往往设有自动喷洒灭火系统或水幕灭火系统，如果遇到这类系统，除了弄清管路布置、管径、连接方法外，还要查明喷头及其他设备的型号、构造和安装要求。

④ 在给水管道上设置水表时，必须查明水表的型号、安装位置，以及水表前后阀门的设挡

情况。

5）识图时，先从目录入手，了解设计说明，根据给水系统的编号，依照室外管网→引入管→水表井→干管→支管→配水龙头（或其他用水设备）的顺序认真细读。然后要将平面图和系统图结合起来，相互对照识图。

小贴士

对于简单工程，由于平面中与给水排水有关的管道、设备较少，一般把各楼层各种给水排水管道、设备等绘制在同一张图纸中；对于高层建筑及其他复杂工程，由于平面中与给水排水有关的管道、设备较多，在同一张图纸中表达有困难或不清楚时，可以根据需要和功能要求分别绘出各种类型的给水排水管道、设备平面等，如可以分层绘制生活给水平面图、生产给水平面图、消防喷淋给水平面图、污水排水平面图、雨水排水平面图。

建筑给水排水工程平面图无论各种管道是否绘制在一个图纸上，各种管道之间的相互关系都要表达清楚。

第 2 小时　建筑给水排水工程系统展开原理图与系统图的识读

(1) 给水排水工程系统展开原理图。原理图是用二维平面关系来替代三维空间关系，虽然管道系统的空间关系无法得到很好地表达，但却加强了各种系统的原理和功能表达，能够较好地、完整地表达建筑物的各个立管、各层横管、设备、器材等管道连接的全貌。给水排水工程系统展开原理图的识读方法如下。

建筑给水排水系统展开原理图是反映建筑内给水排水管道及设备空间关系的图样，识读时要与建筑给水排水系统平面图等结合，并要注意以下几个共性问题。

1）对照检查编号。检查系统编号与平面编号是否一致。

2）阅读收集管道基本信息。主要包括管道的管径、标高、走向、坡度及连接方式等。在系统图中，管径的大小通常用公称直径来标注，应特别注意不同管材有时在标注上是有区别的，应仔细识读管径对照表；图中的标高主要包括建筑标高、给水排水管道的标高、卫生设备的标高、管件的标高、管径变化处的标高以及管道的埋设深度等；管道的埋设深度通常用负标高标注（建筑常把室内一层或室外地坪确定为±0.000）；管道的坡度值，在通常情况下可参见说明中的有关规定，有特殊要求时则会在图中用箭头注明管道的坡向。

3）明确管道、设备与建筑的关系。主要是指管道穿墙、穿地下室、穿水箱、穿基础的位置以及卫生设备与管道接口的位置等。

4）明确主要设备的空间位置。如屋顶水箱、室外储水池、水泵、加压设备、室外阀门井、室外排水检查井、水处理设备等与给水排水相关的设施的空间位置等。

5）明确各种管材伸缩节等构造措施。对采用减压阀减压的系统，要明确减压阀后压力值，比例式减压阀应注意其减压比值；要明确在平面图中无法表示的重要管件的具体位置，如给水立管上的阀门、污水立管上的检查井等。

小贴士

展开系统原理图绘制时一般没有比例关系，而且具有原理清晰、绘制时间短、修改方便等诸多优点，因此，在设计中应用较多。

(2) 给水排水工程系统轴测图。给水排水工程系统轴测图的识读方法如下。

1）室内给水系统图是反映室内给水管道及设备空间关系的图样。识读给水系统图时，可以按照循序渐进的方法，从室外水源引入处入手，顺着管路的走向，依次识读各管路及用水设备。也可以逆向进行，即从任意一用水点开始，顺着管路，逐个弄清管道、设备的位置，管径的变化以及所用管件等内容。

2）管道轴测图绘制时，遵从了轴测图的投影法则。两管轴测投影相交叉，位于上方或前方的管道线连续绘制，而位于下方或后方的管道线则在交叉处断开。如为偏置管道，则采用偏置管道的轴测表示法（尺寸标注法或斜线表示法）。

3）给水管道系统图中的管道采用单线图绘制，管道中的重要管件（如阀门）在图中用图例示意，而更多的管件（如补心、活接、短接、三通、弯头等）在图中并未作特别标注。因此要求读者熟练掌握有关图例、符号、代号的含意，并对管路构造及施工程序有足够的了解。

4）室内排水系统图是反映室内排水管道及设备空间关系的图样。室内排水系统从污水收集口开始，经由排水支管、排水干管、排水立管、排出管排出。其图形形成原理与室内给水系统图相同。图中排水管道用单线图表示。因此在识读排水系统图之前，同样要熟练掌握有关图例符号的含意。室内排水系统图示意了整个排水系统的空间关系，重要管件在图中也有示意。而许多普通管件在图中并未标注，这就需要读者对排水管道的构造情况有足够了解。有关卫生设备与管线的连接、卫生设备的安装大样也通过索引的方法表达，而不在系统图中详细画出。排水系统图通常也按照不同的排水系统单独绘制。

5）在识读建筑排水系统图时，可以按照卫生器具或排水设备的存水弯、器具排水管、排水横管、立管和排出管的顺序进行，依次弄清排水管道的走向、管路分支情况、管径尺寸、各管道标高、各横管坡度、存水弯形式、通气系统形式以及清通设备位置等。

识读建筑排水系统图时，应重点注意以下几个问题：最低横支管与立管连接处至排出管管底的垂直距离；当排水立管在中间层竖向拐弯时，应注意排水支管与排水立管、排水横管连接的距离；通气管、检查口与清扫口设置情况；伸顶通气管伸顶高度，伸顶通气管与窗、门等洞口垂直高度（结合水平距离）；卫生器具、地漏等水封设置的情况，卫生器具是否为内置水封以及地漏的形式等。

小贴士

(1) 给水排水系统图一般采用与房屋的卫生器具平面布置图或生产车间的配水设备平面布置图相同的比例，即常用 1∶100 和 1∶50，各个布图方向应与平面布置图的方向一致，以使两种图样对照联系，便于阅读。

(2) 给水排水系统图中的管路也都用单线表示，其图例及线型、图线宽度等均与平面布置图相同。

(3) 当管道穿越地坪、楼面及屋顶、墙体时，可示意性地以细线画成水平线，下面加剖面斜线表示地坪。两竖线中加斜线表示墙体。

第 3 小时　建筑给水排水工程详图的识读

由于建筑给水排水工程平面图和建筑给水排水工程系统图的比例较小，管道附件、设备、仪表及特殊配件等不能按比例绘出。为了解决这个问题，在实际工程中，往往要借助于建筑给水排水工程详图（建筑给水排水工程的安装大样图）来准确反映管道附件、设备、仪表及特殊配件等的安装方式和尺寸，如图 1-1 所示。

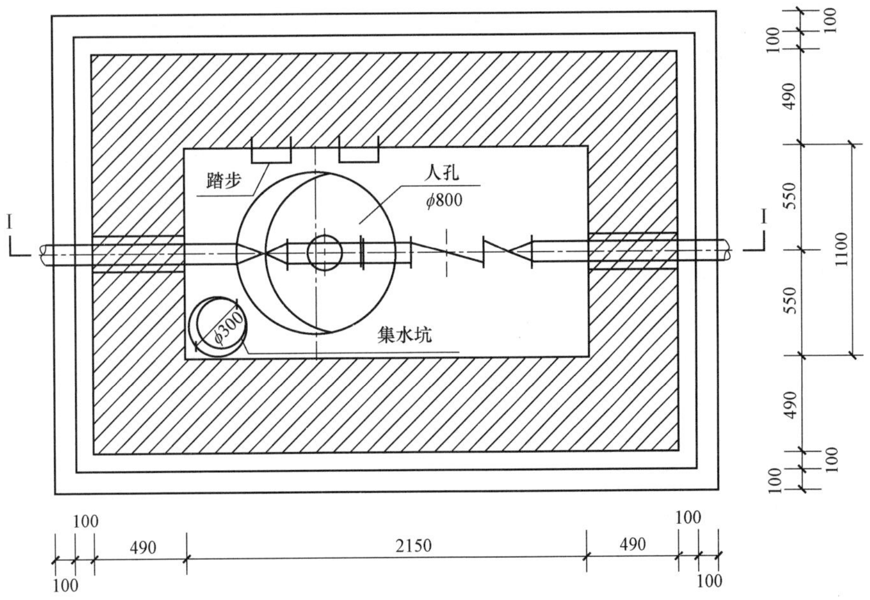

图 1-1　DN100 水表的砖砌矩形水表井标准图

当没有标准图集或有关的详图图集可以利用时，设计人员应绘制出建筑给水排水工程详图，依此作为施工安装的依据。

小贴士

为了使用方便，国家相关部门编写了许多有关给水排水工程的标准图集或有关的详图图集，供设计或施工时使用。一般情况下，管道附件、设备、仪表及特殊配件等的安装图，可以直接套用给水排水工程国家标准图集或有关的详图图集，无须自行绘制，只需注明所采用图集的编号即可，施工时可直接查找和使用。

第 4 小时　建筑暖通工程平面图的识读

（1）采暖平面图。采暖平面图主要表明建筑物内采暖管道及采暖设备的平面布置情况，其识读方法如下。

1）查找采暖总管入口和回水总管出口的位置、管径、坡度及一些附件。引入管一般设在建筑物中间或两端或单元入口处。总管入口处一般由减压阀、混水器、疏水器、分水器、分汽缸、除污器、控制阀门等组成。如果平面图上注明有入口节点图的，阅读时则要按平面图所注节点图的编号查找入口详图进行识读。

2）了解干管的布置方式，干管的管径，干管上的阀门、固定支架、补偿器等的平面位置和型号等。读图时要查看干管敷设在最顶层、中间层，还是最底层。干管敷设在最顶层说明是上供式系统，干管敷设在中间层说明是中供式系统，干管敷设在最底层说明是下供式系统。在底层平面图中会出现回水干管，一般用粗虚线表示。如果干管最高处设有集气罐，则说明为热水供暖系统；如果散热器出口处和底层干管上出现有疏水器，则说明干管（虚线）为凝结水管，从而表明该系统为蒸汽供暖系统。

读图时还应弄清补偿器与固定支架的平面位置及其种类。为了防止供热管道升温时，由于热伸长或温度应力而引起管道变形或破坏，需要在管道上设置补偿器。供暖系统中的补偿器常用的有方形补偿器和自然补偿器。

3）查找立管的数量和布置位置。复杂的系统有立管编号，简单的系统有的不进行编号。

4）查找建筑物内散热设备（散热器、辐射板、暖风机）的平面位置、种类、数量（片数）以及散热器的安装方式。散热器一般布置在房间外窗内侧窗台下（也有沿内墙布置的）。散热器的种类较多，常用的散热器有翼形散热器、柱形散热器、钢串片散热器、板形散热器、扁管形散热器、辐射板、暖风机等。散热器的安装方式有明装、半暗装和暗装。一般情况下，散热器以明装较多。结合图纸说明确定散热器的种类和安装方式及要求。

5）对于热水供暖系统，需查找膨胀水箱、集气罐等设备的平面位置、规格尺寸及与其连接的管道情况。热水供暖系统的集气罐一般装在系统最宜集气的地方，装在立管顶端的为立式集气罐，装在供水干管末端的为卧式集气罐。

小贴士

对于多层建筑，各层散热器布置基本相同时，也可采用标准层画法。在标准层平面图上，散热器要注明层数和各层的数量。

（2）通风系统平面图。通风系统平面图主要表达通风管道、设备的平面布置情况和有关尺寸，其识读方法如下。

1）查找系统的编号与数量。对复杂的通风系统需对其中的风道系统进行编号，简单的通风系统可不进行编号。

2）查找通风管道的平面位置、形状、尺寸。弄清通风管道的作用，相对于建筑物墙体的平面位置及风管的形状、尺寸。风管有圆形和矩形两种。通风系统一般采用圆形风管，空调系统一般采用矩形风管，因为矩形风管易于布置，弯头、三通尺寸比圆形风管小，可明装或暗装于吊顶内。

3）查找水式空调系统中水管的平面布置情况。弄清水管的作用以及与建筑物墙面的距离。水管一般沿墙、柱敷设。

4）查找空气处理各种设备（室）的平面布置位置、外形尺寸、定位尺寸。

5）查找系统中各部件的名称、规格、型号、外形尺寸、定位尺寸。

小贴士

通风系统平面图的布置方向一般应与采暖平面图一致。

第5小时　建筑暖通工程系统图的识读

（1）采暖系统图。采暖系统图表明整个供暖系统的组成及设备、管道、附件等的空间布置关系，表明各立管编号，各管段的直径、标高、坡度，散热器的型号与数量（片数），膨胀水箱和集气罐及阀件的位置、型号规格等。采暖系统图的识读方法如下。

1）查找入口装置的组成和热入口处热媒来源、流向、坡向、管道标高、管径及热入口采用的标准图号或节点图编号。

2）查找各管段的管径、坡度、坡向、设备的标高和各立管的编号。一般情况下，系统图中各管段两端均注有管径，即变径管两侧要注明管径。

3）查找散热器型号、规格及数量。

4）查找阀件、附件、设备在空间中的布置位置。

小贴士

柱形、圆翼形散热器的数量应标注在散热器内；光管式、串片式散热器的规格和数量应标注在散热器的上方。

（2）通风系统图。通风系统图是采用轴测图的形式将通风系统的全部管道、设备和各种部件在空间的连接及纵横交错、高低变化等情况表示出来，一般包含通风设备及各种部件编号、型号、尺寸等。通风系统图的识读方法如下。

1）查找通风系统的编号、通风设备及各种部件的编号，应与平面图一致。

2）查找各管道的管径（或截面尺寸）、标高、坡度、坡向等，系统图中的管道一般用单线表示。

3）查找出风口、调节阀、检查口、测量孔、风帽及各异形部件的位置尺寸等。

4）查找各设备的名称及规格型号等。

小贴士

系统图中注明规格尺寸的部件，均须与设备材料明细表对照核对清楚。

第6小时　建筑暖通工程详图的识读

（1）采暖详图包括标准图和非标准图。采暖设备的安装都要采用标准图，个别的还要绘制详图。标准图包括散热器的连接安装、膨胀水箱的制作和安装、集气罐的制作和连接、补偿器和疏水器的安装、入口装置等；非标准图是指供暖施工平面图及轴测图中表示不清而又无标准图的节点图、零件图。

（2）通风系统详图表示各种设备或配件的具体构造和安装情况。通风系统详图较多，一般包括空调器、过滤器、除尘器、通风机等设备的安装详图，各种阀门、检查门、消声器等设备部件的加工制作详图、设备基础详图等。各种详图大多有标准图供选用。

小贴士

我国编制的标准图集，按其编制的单位和适用范围的情况可分为三类：

（1）经国家批准的标准图集，供全国范围内使用。全国通用的标准图集，通常采用代号“G”或“结”表示结构标准构件类图集，用“J”或“建”表示建筑标准配件类图集。

（2）经各省、市、自治区等地方批准的通用标准图集，供本地区使用。

（3）各设计单位编制的图集，供本单位设计的工程使用。

第7小时　电力工程图的识读

（1）变配电系统主接线图。

1）高压供电系统主接线图。变电所的主接线，又称一次接线或一次线路，是指由各种开关电器、电力变压器、断路器、避雷器、互感器、隔离开关、电力电缆、母线、移相电容器等电气设备按一定的次序相连接的具有接收与分配电能功能的电路。

① 线路-变压器组接线（图1-2）。接线简单，所用电气设备少，投资少，配电装置简单，适用于小容量三级负荷、小型企业或非生产用户。

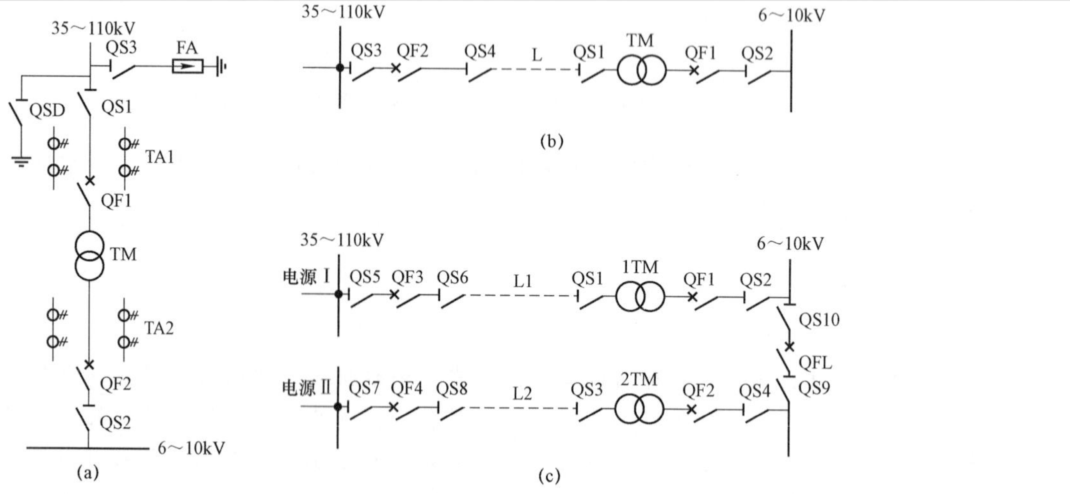

图1-2　线路-变压器组接线

（a）一次侧采用断路器和隔离开关；（b）一次侧采用隔离开关；（c）双电源双变压器

② 单母线接线。单母线接线可分为单母线不分段接线、单母线分段接线、单母线带旁路母线接线三种。

单母线不分段接线。电路简单清晰，使用设备少，经济性好，适用于对供电要求不高的三级负荷用户，或有备用电源的二级负荷用户。

单母线分段接线。可分段单独运行，也可并列同时运行，供电可靠性高，操作灵活，除母线故障或检修外，可对用户持续供电。

单母线带旁路母线接线。引出线断路器检修时，可用旁路母线断路器（QFL）代替引出线断路器，给用户继续供电。

③ 双母线接线。有两组母线分列运行和两组母线并列运行两种工作方式，互为备用，大大提高了供电的可靠性与灵活性。

④ 桥式接线。比分段单母线结构简单，减少了断路器的数量，四回电路只采用三台断路器。按照跨接桥位置的不同，可分为内桥式接线与外桥式接线。

内桥式接线。对电源进线回路操作方便，灵活供电可靠性高。适用于因电源线路较长而发生故障和停电检修的机会较多，且用于变电所的变压器不需要经常切换的总降压变电所。

外桥式接线。对变压器回路操作方便，灵活，供电可靠性高。适用于电源线路较短而变电所负荷变动较大、根据经济运行要求需要经常投切变压器的总降压变电所。

2）变配电系统接线图。

① 放射式接线。引出线发生故障时互相不影响，供电可靠性比较高，切换操作方便，保护简单。适用于用电设备容量大、负荷性质重要、潮湿及腐蚀性环境的场所。

② 树干式接线。一般情况下，有色金属消耗量较少，采用的开关设备较少。多用于用电设备容量小而分布较均匀的用电设备。

③ 环网式接线。可靠性比较高，接入环网的电源可以是一个，也可以是两个甚至多个。

为加强环网结构（保证某一条线路故障时各用户仍有较好的电压水平），或保证在更严重的故障（某两条或多条线路停运）时的供电可靠性，一般可采用双线环式结构；双电源环形线路在运行时，往往是开环运行的，即在环网的某一点将断路器断开。此时环网演变为双电源供电的树干式线路。

双电源环网式供电适用于一、二级负荷供电；单电源环网式适用于允许停电半小时以内的二级负荷。

小知识

对10kV及以下电压供电的用户，应配置专用的电能计量柜（箱）；对35kV及以上电压供电的用户，应有专用的电流互感器二次线圈和专用的电压互感器二次连接线，并且不得与保护、测量回路共用。

（2）变配电系统二次电路图。

1）二次电路原理接线图。

① 整体式原理图。整体式原理图中设备、元件的连接线很多，用整体式表示对绘制和阅读都比较困难，因此，较少被采用。

② 展开式原理接线图。展开式原理图一般按动作顺序从上到下水平布置，并在线路旁注明功能、作用，使线路清晰，易于阅读。

2）测量电路图。

① 电流测量线路。

一相电流测量线路。当线路电流比较小时，可将电流表直接串入电路；当线路电流较大时，常在线路中安装一只电流互感器，电流表串接于电流互感器的二次侧，通过电流互感器来测量线路电流。

两相式接线电流测量线路。在两相线路中，两只电流互感器组成V形连接，在两只电流互感器的二次侧接有三只电流表（三表两元件），其中两只电流表与两只电流互感器二次侧直接相连测量这两相线路的电流，另一只电流表所测的电流是两只电流互感器二次测电流之和，正好是未接电流互感器两相的二次电流（数值）；三只电流表通过两只电流互感器测量三相电流。适用于测量三相平衡的线路。

三相显形接线测量线路。三只电流表分别与三只电流互感器的二次侧连接，分别测量三相电流。适用于测量三相负荷不平衡电路。

② 电压测量线路。

直接电压测量线路。当测量低压线路电压时，可将电压表直接并接在线路中。

两相式电压测量线路。采用两个单相电压互感器来测量三个电压。适用于测量两相电路的电压。

三相式电压测量线路。用三只电压表分别与三只单相电压互感器，分别测量三相电压。适用于测量三相电路的电压。

3）二次回路安装接线图。

① 屏面布置图。屏面布置图通常按一定比例绘制，同时标出与原理图一致的文字符号与数字符号。

② 端子排图。端子排列一般遵循以下原则：

屏内设备与屏外设备的连接必须经过端子排，其中，交流回路经过实验型端子，声响信号回路为便于断开试验，应经过特殊型端子或实验型端子。

屏内设备与直接接至小母线设备一般应经过端子排。

同一屏上各个安装单位之间的连接应经过端子排；各个安装单位的控制电源的正极或交流电的相线均由端子排引接，负极或中性线应与屏内设备连接，连线的两端应经过端子排。

③ 屏后接线图。屏后接线图是按照展开式原理图、屏面布置图与端子排图绘制的，作为屏内配线、接线和查线的主要参考图。

④ 二次电缆敷设图。在二次电缆敷设图中，需要标出电缆编号和电缆型号。有时候在图中列出表格，详细标出每根电缆的起始点、终止点、电缆型号、长度及敷设方式等。

小知识

二次图纸相对稍微繁杂一些，但只要理清三条线，就会简单很多：一是直流控制操作电源系统；二是电压互感器提供的电压小母线；三是电流互感器提供的交流电流。

下面就可以看展开图了，看图要“从上到下，从左到右”，逐行读懂各二次元件之间的逻辑关系。

（3）变配电工程平面图。变配电工程平面图是体现变配电站总体布置和一次设备安装位置的图纸，也是设计单位提供给施工单位进行变配电设备安装所依据的主要技术图纸。它是根据设备的实际尺寸按一定比例绘制的。

1）变配电所平面布置要求。

① 高压开关柜装设在单独的高压配电室内。

② 高压开关柜靠墙安装时，柜后距墙净距不应小于0.5m。

③ 低压配电室兼作值班室时，配电屏的正面距离不得小于 3m。

④ 配电室内电缆沟盖板，通常采用花纹钢板盖板或钢筋混凝土盖板。

⑤ 低压配电室的耐火等级不得低于三级。

⑥ 宽面推进的变压器，低压侧应向外；窄面推进的变压器，油枕要向外。

⑦ 每台油量为 100kg 及以上的变压器应安装于单独的变压器室内。

⑧ 进、出风处应设有网孔不大于 10mm×10mm 的铁丝网，以防小动物进入室内。

⑨ 电容器外壳间（宽面）的净距不得小于 0.1m。

2）变配电所平面布置形式。

① 高压开关柜装设在单独的高压配电室内。高压开关柜和低压配电屏单列布置时，二者的净距不得小于 2m。

② 高压开关柜靠墙安装时，柜后距墙净距不应小于 0.5m。两头端与侧墙净距不得小于 0.2m。

③ 高压配电室的耐火等级不得低于二级。

④ 低压配电室兼作值班室时，配电屏的正面距离不得小于 3m。

⑤ 配电室内电缆沟盖板，通常采用花纹钢板盖板或钢筋混凝土盖板。

⑥ 低压配电室的耐火等级不得低于三级。

⑦ 宽面推进的变压器，低压侧应向外；窄面推进的变压器，油枕要向外。

⑧ 进、出风处应设有网孔不大于 10mm×10mm 的铁丝网，以防小动物进入室内。

⑨ 电容器外壳间（宽面）的净距不得小于 0.1m。

小知识

对于大多数有条件的建筑物，应将变配电所设置在室内。室内配电装置的设置要符合人身安全及防火要求，电气设备载流部分应采用金属网或金属板隔离出一定的安全距离，配电装置的位置应能保证具有所要求的最小允许通道宽度，以便于值班人员的运行、维护及检修。室内布置要经济合理，电气设备用量少，节省金属导线、电气绝缘材料，节约土地及建筑费用，工程造价低。

第 8 小时　动力及照明供电系统图的识读

（1）动力、照明系统图。动力、照明系统图能集中反映动力及照明的安装容量、计算容量、计算电流、配电方式、导线或电缆的型号、规格、数量、敷设方式及穿管管径、开关及熔断器的规格型号等。

1）动力系统图。建筑物的动力设备较多，包括电梯、水泵、空调以及消防设备等，如图 1-3 所示为某教学大楼一～六层的动力系统图。

设备包括电梯及各层动力装置，其中电梯动力由低压配电室 AA4 的 WPM4 回路用电缆经竖井引至六层电梯机房，接至 AP-6-1 梯动力 18.5kW，主开关为 C45N/3P（50A）低压断路器，照明回路主开关为 C45N/1P（10A）。

① 动力母线是用安装在电气竖井内的插接母线完成的，母线型号为 CFW-3A-400A/4，额定容量为 400A，三相加一根保护线箱上，箱型号为 PZ30-3003，电缆型号为 VV-（5×10）铜芯塑缆。该箱输出两个回路的电源是用电缆从低压配电室 AA3 的 WPM2 回路引入的，电缆型号为 VV-（3×120+2×70 母线）铜芯塑缆。

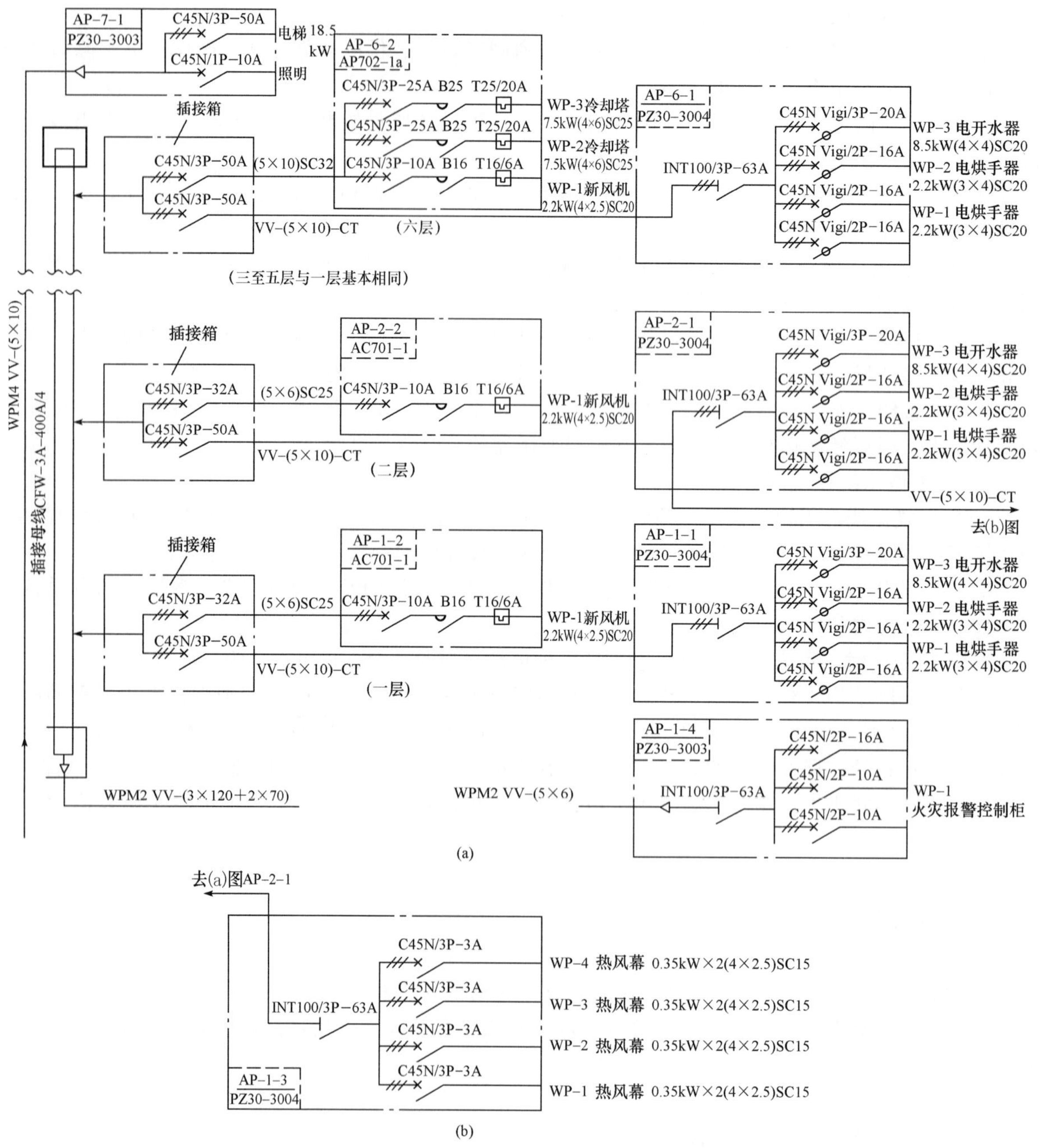

图 1-3　某教学大楼一～六层的动力系统图

② 各层的动力电源是经插接箱取得的，插接箱与母线成套供应，箱内设两只 C45N/3P（32A）、C45N/3P（50A）低压断路器，将电源分为两路（括号内数值为电流整定值）。

③ 以一层为例进行说明。电源分为两路，一路是用电缆桥架（CT）将电缆 VV-（5×10）-CT 铜芯电缆引至 AP-1-1 配电箱，型号为 PZ30-3004；另一路是用 5 根直径为 6mm、导线穿管管径 25mm 的钢管，将铜芯导线引至 AP-1-2 配电箱，型号为 AC701-1。

AP-1-2 配电箱内有 C45N/3P（10A）的低压断路器，额定电流为 10A；B16 交流接触器，额定电流为 16A；T16/6A 热继电器，额定电流为 16A，热元件额定电流为 6A；总开关为隔离刀开关，型号为 INT100/3P（63A）。

AP-1-2 配电箱为一路 WP-1，新风机 2.2kW，用铜芯塑线（4×2.5）-SC20 连接；AP-1-1 配电箱分为四路，其中有一备用回路。第一分路 WP-1 为电烘水器 2.2kW，用铜芯塑线（3×4）SC20 引出到电烘水器上，开关为 C45NVigi/2P（16A），有漏电报警功能（Vigi）；第二分路 WP-2 为电烘水器，用铜芯塑线（3×4）SC20 引出到电烘水器上，开关为 C45NVigi/2P（16A），有漏电报警功能（Vigi）；第三分路为电开水器 8.5kW，用铜芯塑线（4×4）SC20 连接，开关为 C45NVigi/3P（20A），有漏电报警功能。

二～五层与一层基本相同，但 AP-2-1 箱增设了一个为一层设置的回路，编号 AP-1-3，型号为 PZ30-3004，如图 1-3（b）所示，四路热风幕，0.35kW×2，用铜线穿管（4×2.5）-SC15 连接。

④ 五层中 AP-5-1 与一层相同，而 AP-5-2 增加了两个回路，两个冷却塔 7.5kW，用铜塑线（4×6）-SC25 连接，主开关为 C45N/3P（25A）低压断路器，接触器 B25 直接启动，热继电器 T25/20A 作为过载及断相保护。增加回路后，插接箱的容量也作相应调整，两路均为 C45N/3P（50A），连接线变为（5×10）-SC32。

⑤ 一层还从低压配电室 AA4 的 WLM2 引入消防中心火灾报警控制柜一路电源，编号 AP-1-4，箱型号为 PZ30-3003，总开关为 INT100/3P（63A）刀开关，分 3 路，型号都是 C45N/2P（16A）。

2）照明系统图。图 1-4 为一～六层照明配电系统示意图。

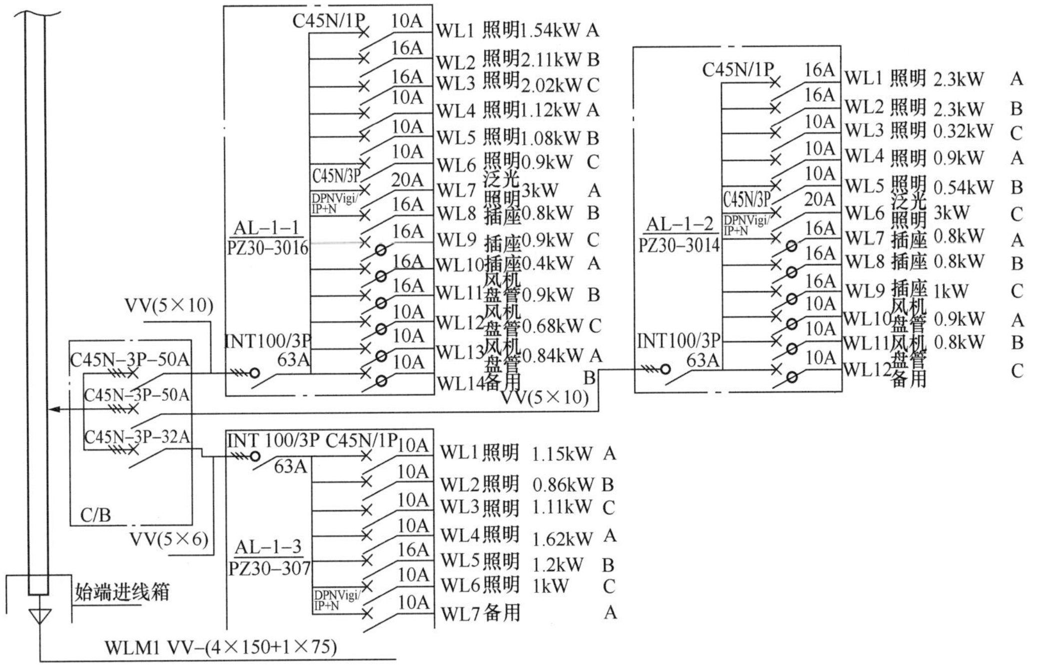

(a)

图 1-4 照明配电系统图（一）

（a）一层照明配电系统示意图

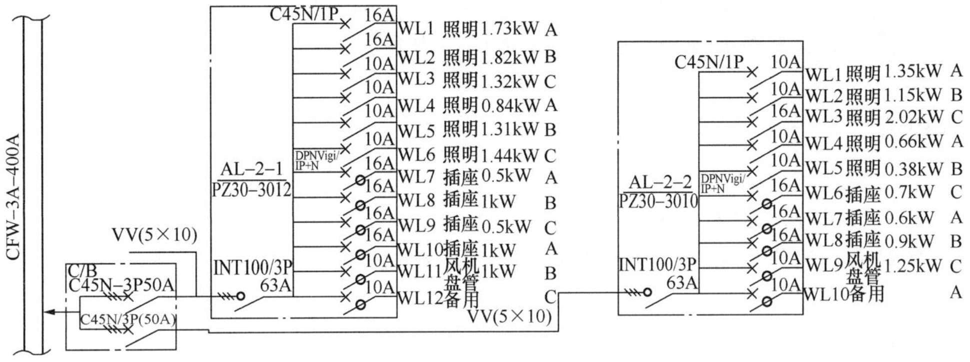

(b)

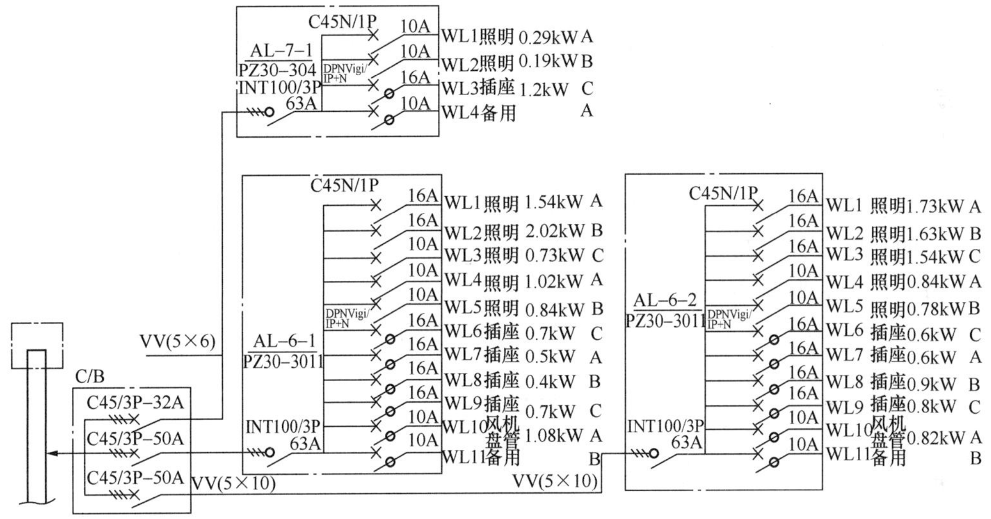

(c)

图 1-4 照明配电系统图（二）

（b）二～五层照明配电系统示意图；（c）六层照明配电系统示意图

① 一层照明配电系统图。一层照明电源是经插接箱从插接母线取得的，插接箱共分 3 路，其中 AL-1-1 号和 AL-1-2 号是供一层照明回路的，而 AL-1-3 号是供地下一层和地下二层照明回路的。

插接箱内的 3 路均采用 C45N/3P-50A 低压断路器作为总开关，三相供电引入配电箱，配电箱均为 P230-30□，方框内数字为回路数，用 INT100/3P-63A 隔离刀开关为分路总开关。

配电箱照明支路采用单极低压断路器，型号为 C45N/1P-10A，泛光照明采用三极低压断路器，型号为 C45N/3P-20A，插座及风机盘管支路采用双极报警开关，型号为 $DPNVigi/1P+N-\frac{10}{16}A$，备有回路也采用 DPNVigi/1P+N-10 型低压断路器。

因为三相供电，所以各支路均标出电源的相序，从插接箱到配电箱均采用 VV（5×10）五芯铜塑电缆沿桥架敷设。

② 二～五层照明配电系统。二～五层照明配电系统与一层基本相同，但每层只有两个回路。

③ 六层照明系统。六层照明系统与一层相同，插接箱引出 3 个回路，其中 AL-7-1 为七层照明回路。

经过识读，我们可以掌握系统的概况，电源引入后直到各个用电设备及器具的来龙去脉，层与层的供电关系，系统各个用电单位的名称、用途、容量、器件的规格型号及整定数值、控制方式及保护功能、回路个数、材料的规格型号及安装方式等内容。

小知识

阅读照明系统图时注意以下内容：

进线回路编号、进线线制（三相五线制、三相四线制、单相两线制）、进线方式、导线电缆及穿管的规格型号。

照明箱、盘、拒的规格型号、各回路开关熔断器及总开关开关熔断器的规格型号、回路编号及相序分配各回路容量及导线穿管规格、计量方式及表计，电流互感器规格型号，同时，核对该系统照明平面图回路标号与系统图是否一致。

直控回路编号、容量及导线穿管规格、控制开关型号规格、柜、盘有无漏电保护装置，其规格型号及保护级别范围。

应急照明装置的规格、型号台数。

（2）动力、照明平面图。动力及照明平面图是表示动力设备和照明区域内照明灯具、开关、插座及配电箱等的平面位置及其型号、规格、数量、安装方式，并表示线路的走向、敷设方式及其导线型号、规格、根数等的图样。

1）识读动力平面图。图 1-5 为某办公大楼配电室平面布置图。

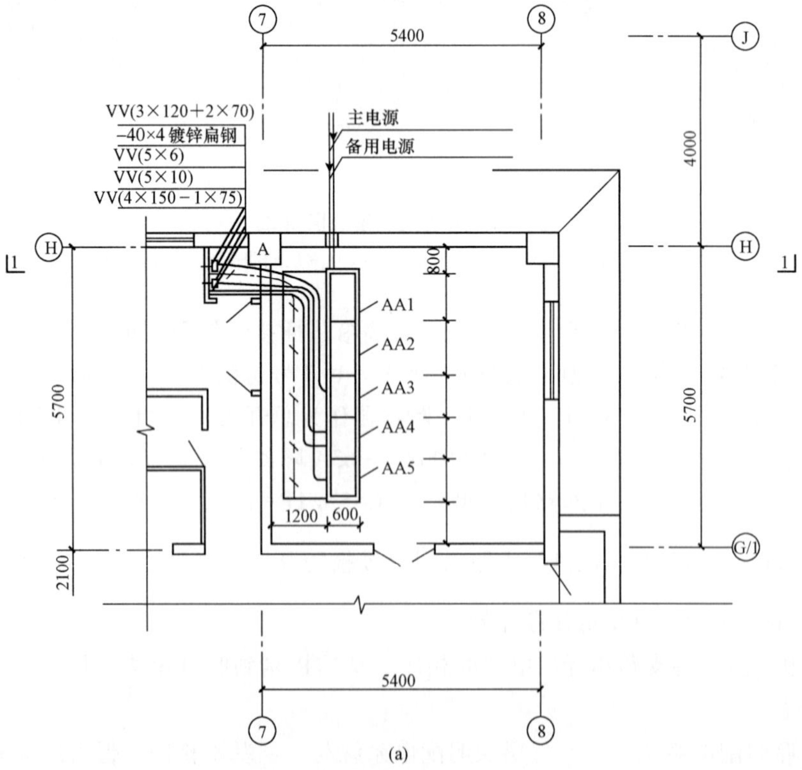

图 1-5 某办公大楼配电室平面布置图（一）

（a）平面图

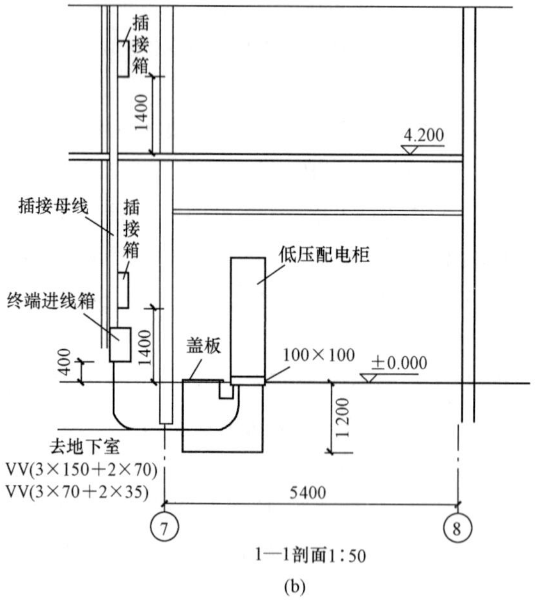

图 1-5 某办公大楼配电室平面布置图（二）

（b）剖面图

图中列出了剖面图和主要设备规格型号。从图中可以看出，配电室位于一层右上角⑦—⑧和Ⓗ—G/1轴间，面积 5400mm×5700mm。两路电源进户，其中有 380/220V 的备用电源，电缆埋地引入，进户位置⑩轴距⑦轴 1200mm 并引入电缆沟内，进户后直接接于 AA1 柜总隔离开关上闸口。进户电缆型号为 VV22（3×185+1×95）×2，备用电缆型号为 VV22（3×185+1×95），由厂区变电所引来。

室内设柜 5 台，成列布置于电缆沟上，距Ⓗ轴 800mm，距⑦轴 1200mm。出线经电缆沟引至⑦轴与Ⓗ轴所成直角的电缆竖井内，通往地下室的电缆引出沟后埋地-0.8m 引入。柜体型号及元器件规格型号见表 1-1。槽钢底座采用 100mm×100mm 槽钢。电缆沟设木盖板厚 50mm。

表 1-1　　设备规格型号

编号	名称	型号规格	单位	数量	备注
AA1	低压配电柜	GGD2-15	台	1	
AA2	无功补偿柜	GGJ2-01	台	1	
AA3，AA5	低压配电柜	GGD2-38	台	2	
AA4	低压配电柜	GGD2-39	台	1	
	插接母线	CFW-3A-400A			92DQ5-133
	终端进线箱				

接地线由⑦轴与Ⓗ轴交叉柱 A 引出到电缆沟内并引到竖井内，材料为-40mm×4mm 镀锌扁钢，系统接地电阻≤4Ω。

2）识读照明平面图。图 1-6 是某办公楼首层照明平面图。

首层照明平面图共设三个配电箱，其中 AL-1-1 号供楼梯间、中大厅、卫生间、开水间、配电

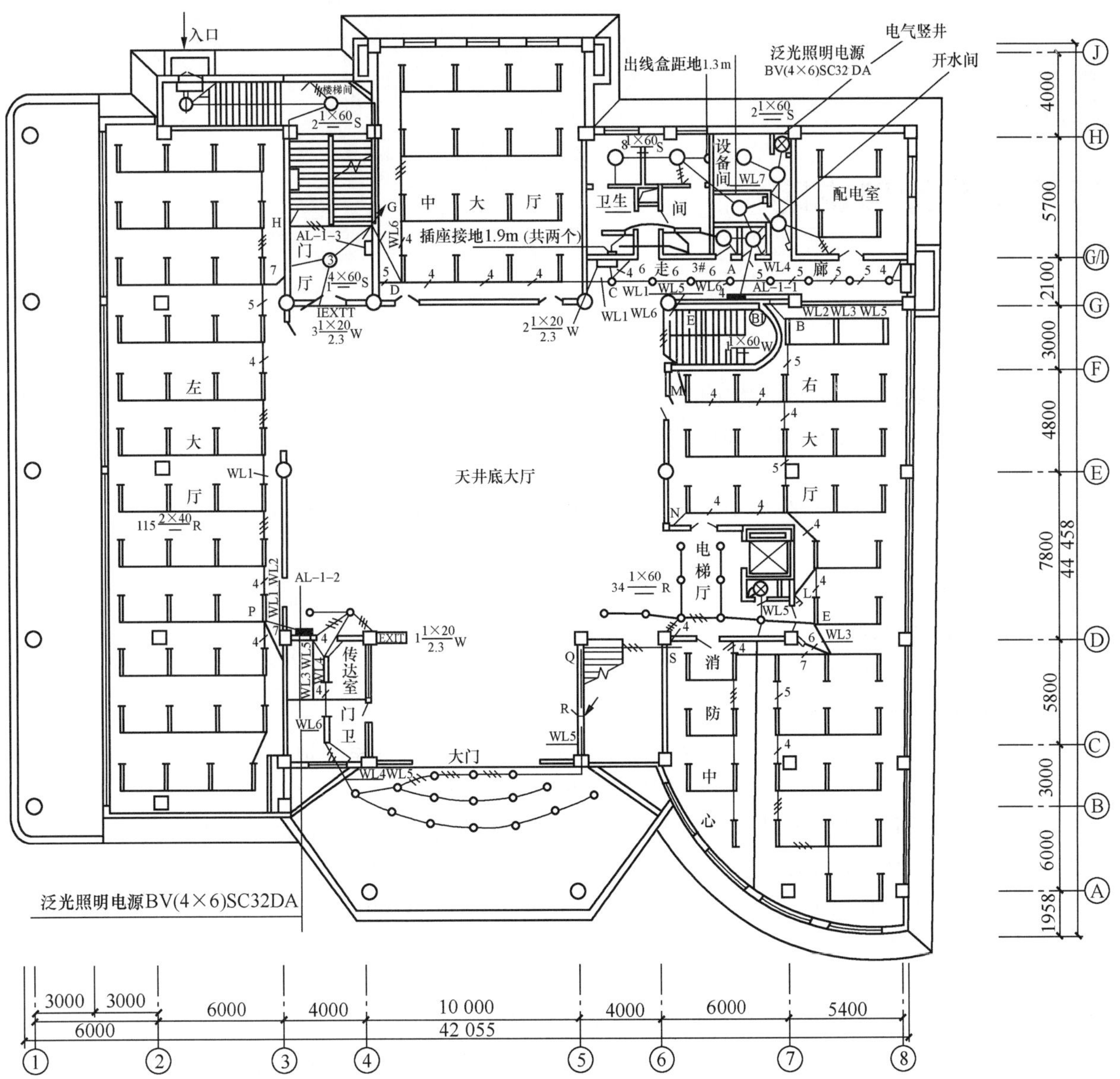

图 1-6　办公楼首层照明平面图

室、右大厅及消防中心、圆形楼梯间照明电源。AL-1-2 号供左大厅、大门及大门楼梯间照明电源。AL-1-3 号供地下室照明电源。另外 AL-1-2 号和 AL-1-1 号还要供楼体室外泛光照明。

① AL-1-1 号配电箱共分出 7 个回路。由配电箱到 A 点（A 点为一走廊用筒灯，吊顶内安装）为四根线，三相一零共 3 路，即 WL1、WL5（部分）和 WL6。

走廊的筒灯、疏导指示灯及由 3 号筒灯分至圆形楼梯间 F 点的电源为 WL5 回路。其中筒灯为两地控制，采用单联双极开关控制，疏导指示灯单独控制。F 点电源由此引下至地下一层控制开关处，并经地板引至 E 点，使壁灯形成两地控制。

C 点将 WL1 引至中大厅，将 WL6 引至 D 点，大厅内设四组荧光灯由多联开关单独分组控制。从 D 点将 WL6 引至 G 点。G 点：一是将电源穿上引下作为二层及以上楼梯间照明的电源；二是将管线引至 H 点并引至二层作为两地控制开关的控制线；三是将管线经④ 轴引至本层楼梯间吸顶灯、入口处吸顶灯及疏导灯，入口处和本层楼梯间的吸顶灯、疏导灯均为双联开关单独控制；四是引至门厅吸顶灯疏导灯，单联单控。其中荧光灯的标注为共同标注 $115\frac{2\times 40}{-}R$，双管 40W，顶棚内嵌入式安装。楼梯间吸顶灯为 $2\frac{1\times 60}{-}S$，门厅为 $1\frac{4\times 60}{-}S$，4 只 60W 灯泡的吸顶灯，疏导灯为 $3\frac{1\times 20}{2.3}W$，壁装。

由配电箱到 B 点也为 4 根导线，即 3 个回路 WL2、WL3 和 WL5（部分）。

右大厅上半部为 WL2 路，设在 M、N 点的双联单极开关将荧光灯分为 6 路控制。

从 E 点将线路引至右大厅下半部和电梯间，下半部为 WL3 路，其中消防中心为 3 路控制，大厅为 5 路控制，WL5 路为 3 路控，均采用多联开关。

由配电箱到开水间为 WL4 路，包括配电室、开水间、设备间、卫生间的照明，其中配电室、设备间和卫生间的 1 只吸顶灯及预留 1.3m 处的照明装置为双联控制外，其余均为单控。另外卫生间设插座 2 只，标高 1.9m。

由配电箱经地板预埋管线至室外为泛光照明电源，BV（4×6）SC32DA，引入点到投光灯处。

② AL-1-2 号配电箱共分出 6 个回路。其中 WL6 为室外泛光照明的电源。由配电箱到左大厅 P 点引出 WL1 和 WL2 两个回路共 12 组荧光灯，上半部为 WL1，下半部为 WL2，各分 6 路均由两只三联开关单控。

由配电箱引至传达室荧光灯有 3 个回路：WL3、WL4 和 WL5。传达室、门卫室及传达室门口筒灯为 WL3 路。其中荧光灯单控，筒灯与疏导灯由两联开关分两路控制。

由门卫室引至大门筒灯为 WL4 路，配电箱集中控制，通过筒灯回路将电源 WL5 路引至楼梯间的 Q 点上，并设单极双联开关完成该楼梯间照明的两地控制，同时经地板将管线引至 S 点并在此点将管线上引至二层该位置。

③ 轴上 R 点由二层引来管线并在此设三联单极开关，完成二层前大庭筒灯的 3 路控制。

小知识

动力设备及照明灯具的具体安装方法一般不在平面图上直接给出，必须通过阅读安装大样图来解决。可以把阅读平面图和阅读安装大样图结合起来，以全面了解具体的施工方法。

第2天

住宅楼工程给水排水施工图设计总说明

第1小时　设计依据及工程概况

（1）设计依据。

1）本工程设计任务书。

2）建设单位提供的建筑物周围市政条件资料。

3）《建筑给水排水设计规范》（GB 50015—2003，2009年版）；

《建筑设计防火规范》（GB 50016—2014）；

《建筑灭火器配置设计规范》（GB 50140—2005）；

《建筑中水设计规范》（GB 50336—2002）；

《自动喷水灭火设计规范》（GB 50084—2017）。

【解读】

设计依据中列出了设计所参照的重要国家设计规范，施工人员也应做相应了解。施工中还应参考《建筑给水排水及采暖工程施工质量验收规范》（GB 50242—2002）及各种材料、设备的行业标准。

（2）工程概况。

1）工程名称：北京市××区××地块居住项目。

2）建设地点：北京市××区。

3）建设单位：北京××房地产开发有限公司。

4）结构形式：剪力墙结构。

5）建筑类别及耐火等级：本工程为一类居住建筑，其耐火等级为一级。地下室耐火等级为一级。

6）建筑布局：地下一层为设备用房；地上为住宅楼。

【解读】

工程概况可大致了解所施工建筑的基本情况，如结构形式、层数、功能。

第2小时　设　计　范　围

（1）室内消防系统：本工程设有室内消火栓给水系统、自动喷洒系统、建筑灭火器配置以及消防电梯井排水系统。

（2）室内给排水系统：本工程设有给水系统、中水系统、污水系统、废水系统、热水系统（热水由厨房内燃气热水器供给）。

【解读】

设计范围涵盖了施工人员需施工的各大项内容，需要投标、施工人员重点关注。如有对是否为本施工队伍施工内容的疑惑，应及时与甲方沟通。

第3小时　消防、给排水系统

（1）消防系统。

1）室外消火栓系统。

① 室外消防水源采用城市自来水。

② 室外消防用水量为15L/s。

③ 室外采用生活用水与消防用水合用管道系统。共设有若干套室外地下式消火栓，其间距不超过120m，距道路边不大于2.0m。距建筑物外墙不小于5.0m。

④ 室外消防采用低压制给水系统，由城市自来水直接供水，发生火灾时，由城市消防车从现场室外消火栓取水经加压进行灭火或经消防水泵接合器供室内消防灭火用水。

⑤ 本工程分别从市政道路下的城市给水管道上接入二根DN200的给水引入管，在建筑红线内，与本小区环状给水管网相连接，形成双向供水。

2）室内消火栓系统。

① 室内消火栓用水量为20L/s，火灾延续时间为2h。

② 消防水源：室内消火栓的给水由设在本楼地下水泵房内的消防水池和消火栓泵通过小区内消火栓环状供水管网提供。消防水泵水量20L/s，扬程100m，本工程入口处压力需1.0MPa，消防水池储水252m^3。

③ 消火栓系统竖向不分区。

④ 消火栓设备：地上9层及其以下采用SNJ65型室内减压稳压消火栓。其他选用SN65型消火栓，消火栓箱采用铝合金箱。地下部分单栓箱尺寸为800mm×650mm×240mm，箱内均配有DN65麻质衬胶水龙带一条，$L=25$m，ϕ19mm水枪一支，以及消防按钮和指示灯各一个。双栓消火栓箱采用铝合金箱，尺寸为1800×700×240，箱内配有DN65麻质衬胶水龙带两条，$L=25$m，ϕ19mm水枪两支，以及消防按钮和指示灯各一个。

⑤ 消火栓系统控制：平时，由设在4号楼屋顶的12m^3消防专用水箱和增压稳压装置维持系统压力要求。前10min消防水量由高位水箱供给，与此同时，由消防箱内手动按钮或消防控制中心启动消防主泵，消火栓泵的运行情况显示于消防中心和泵房控制盘上，且消火栓泵启动后，信号灯显示，

在消火栓处为红色显示。

⑥ 室内消火栓系统水泵接合器统一设置在小区外网上适当位置，距其 15～40m 之内设有室外消火栓。

3）室内自动喷水灭火系统。

① 2 号楼一、二层设自动喷水灭火系统，按中危险Ⅰ级设计。设计为预作用Ⅰ系统。喷水强度为 6L/（min · m^2）；作用面积 160m^2。

② 自喷水源来自小区消防泵房及消防水池。稳压系统设于消防泵房内。按防火分区设水流指示器及信号蝶阀。采用 DN15 直立式玻璃泡喷头，喷头的公称动作温度为 68℃，$K=80$。

4）建筑灭火器系统。住宅、人员活动用房及商铺按 A 类火灾轻危险级设计；变配电室等设备机房按 E 类火灾中危险级设计。均采用手提式磷酸铵盐干粉灭火器，型号为 MF/ABC3（3kg）。设置场所及数量详见各平面图。

5）消防排水。消防电梯井下消防水排放。由设在电梯井旁边的集水坑集中后由泵排往室外排水井。每个集水坑设两台，一用一备，污水泵设备采用自动控制方式。

6）地下设备用房待甲方选定相关设计单位二次深化设计后明确功能，相关具体消防设施待二次深化设计。

【解读】

了解系统的构成，是读懂后面给排水系统图的重要依据。

了解对设备控制的要求后，与电气专业施工人员核对图纸，配合施工。

遇到被设计甩项的部分，例如大型厨房、大空间未隔断的商业、办公区域，应及时与甲方沟通，争取在施工过程中及时与深化设计的厂家或部门配合完成，以免二次拆改造成损失。

（2）室内给排水系统。

1）给水系统。

① 住宅给水用水量标准：每人 158L/d（不含中水）。

住宅设计住户 76 户，每户 2.8 人，设计居住人数 213 人。

最高日用水量：33.62m^3/d，含中水合计 42.57m^3/d。

最大小时用水量：1.40m^3/h。

② 给水系统分区。

六层及其以下为低区，由市政直接供给。

七～十四层为中区，中区由设置在本小区地下给水泵房内的小区中区变频给水设备供给。

十四层以上为高区，高区由设置在本小区地下给水泵房内的小区高区变频给水设备供给。

低区给水水压需 0.3MPa；中区给水水压需 0.50MPa；高区给水水压需 0.70MPa。

③ 计量。分户水表集中设置户外设备井内，采用 DN15 机械水表。中区、高区每单元设置一块集中水表，集中设置在户外入户水表井内。低区每个单元均在室外水表井内设置 DN40 机械水表。

④ 小区市政给水引入小区两个管径均为 DN200 的给水干管在小区内成环，市政给水压力不小于 0.3MPa。

2）中水系统。

① 住宅中水用水量标准：每人 42L/d。

住宅设计住户 76 户，每户 2.8 人，设计居住人数 213 人。

最高日用水量：8.95m^3/d。

最大小时用水量：0.38m^3/h。

② 中水系统分区。

十四层及其以下为低区，由设置在本小区地下中水泵房内的小区低区变频给水设备供给。水源为市政中水。十五～二十一层为高区，由设置在本小区地下中水泵房内的小区高区变频给水设备供给。水源为市政中水。

低区中水水压需 0.50MPa；高区中水水压需 0.70MPa。五层以下中水支管采用减压水表减压，表后压力 0.3MPa。

③ 中水计量。

分户中水表集中设置户外设备井内，采用 DN15 机械水表。中区、高区每单元设置一块集中水表，集中设置在户外入户水表井井内。低区每个单元均在室外水表井内设置 DN40 机械水表；中水管道应有颜色标示，管道和用水点有明显标志，阀门应有锁具。严禁与生活给水管道连接。

3）污水废水系统。

① 本楼污水量为 42.57m^3/d。

② 首层及其以上排水均为自流排出，地下层污水为潜污泵加压排出。

③ 生活污水排出后经化粪池处理后排入市政污水管网。

4）雨水排水系统。

屋顶雨水排放采用外排水系统，雨水经雨水外排水管道系统收集后排至散水。雨水立管具体位置详建筑图。雨水流至室外渗水砖地面后下渗或流入小区草坪利用。

【解读】

了解给水系统分区，结合系统图理清各区管路连接及走向。了解各分区工作压力，以便采购经济合理的材料。

用于给水的水表，以及供水设备（如无负压给水装置）均应由甲方联系当地自来水公司确认后采购施工。

在设计中，雨水和空调冷凝水立管如在建筑墙外布置，一般在建筑专业图纸中绘制。如在建筑内部布置，一般在暖通、给排水图纸中绘制，务必核对以免漏项。

第 4 小时　管材及管材接口

（1）消火栓给水管采用焊接钢管，焊接。

（2）自动喷淋管。采用内外热镀锌钢管。管径≤DN100，采用螺纹连接；管径>DN100 时，采用沟槽式连接。

（3）给水干管及立管。采用衬塑钢管，螺纹或法兰连接；给水支管：水表前采用衬塑钢管，螺纹连接；水表后及敷设在地面垫层内的部分采用冷水 PPR 管，热熔连接；与金属管或热水器连接时，应采用螺纹或法兰连接（需采用专用的过滤管件或过滤接头）。热水管采用热水 PPR 管，热熔连接。中水干管、立管及户内表前支管采用热镀锌钢管，螺纹连接；中水表后采用 PPR 管。管材公称压力：冷水 0.60MPa；热水 0.60MPa，安装详见国标 03S402。

（4）排水管管材。住宅户内排水横支管采用普通 UPVC 管，排水立管采用内螺旋消声 UPVC 管，排水横支管与立管连接处采用专用管件。与立管连接的底部横干管采用 A 型机制柔性接口排水铸铁管，承插式法兰连接。安装详见国标 04S409。排水 UPVC 塑料及其管伸缩节和阻火圈的安装具体做法见 91SB-X1。未尽事宜按《建筑排水用硬聚氯乙烯内螺旋管管道工程技术规程》和《建筑排水硬聚氯乙烯管道工程技术规程》。

（5）压力排水管及透气管采用衬塑钢管，螺纹或法兰连接。

（6）雨水。外落水管道采用增强型抗紫外线 UPVC 雨水专用管，黏结。

【解读】

管材的选择是施工准备重点，正确采购管材避免经济损失。如采购困难，应知会设计方更换材料，不可自行变更。不同管材应采用各自专用的连接方式和管件。

第 5 小时　管道敷设与连接

（1）管道敷设。

1）管道穿梁、穿墙、穿楼板时，应预埋套管；管道穿地下室外墙时，应预埋刚性防水套管，套管尺寸及做法详见给水图集 91SB3 第 36 页。安装在楼板内的套管，其顶部高出装饰地面 20mm，安装在卫生间及厨房内的套管，其顶部高出装饰地面 50mm，其底部应与楼板底面相平，安装在墙壁内的套管其两端应与装饰面相平。

2）管道坡度。各种管道应根据图中所注标高进行施工。当未注明时，应按国家规范及相关标准设置，坡度应均匀。

3）管道支吊架。管道支吊架施工参照图集管道支吊架：管道支吊架施工参照图集 03S402。

4）本图标高以米计，尺寸以毫米计，给水管等有压管道标高指管中，污水、废水等重力流管道为管内底。

5）住宅户内给水、中水、热水管道沿垫层埋地敷设，并在洁具安装处出地面 300mm 用管堵封堵。

6）施工时，应与其他各专业密切配合。特别是穿楼板，穿墙的套管应预埋好当遇到管道打架或与其他专业有矛盾时，施工单位可视实际情况调整管道标高。原则为“有压管让无压管，小管让大管，无坡管让有坡管”。预埋套管时，设备专业需派专人配合土建专业。

【解读】

管道穿越墙体、楼板处，应与结构施工方配合，在结构施工时预留好套管或孔洞。如非穿外墙的管道管径不大，也没有防水要求，也可后期开孔，但需与结构专业确认不会损坏结构梁柱等。穿墙处的管道与套管或墙板的缝隙应按施工规范要求填实。

埋地敷设的管道，即为敷设于结构楼板之上，建筑面层之内。如无必要，避免剔凿楼板埋管。

此项尤为重要。建筑内管道错综复杂，给排水、采暖、电气遍布，图纸中不可能为所有交叉的管线绘出躲避做法，故需施工人员在施工前期做好管线综合工作，对交叉处提出计划做法，按符合设计要求的方式互相避让。

（2）管道连接。

1）排水横管与横管的连接，不得采用正三通和正四通。

2）排水立管偏置时，应采用乙字管或 2 个 45°弯头。

3）排水立管与横管及排出管连接时采用 2 个 45°弯头，且立管底部弯管处应设固定吊架。

4）排水支管连接在排出管或排水横干管上时，连接点距立管底部下游水平距离不宜小于 3.0m，且不得小于 1.5m。

5）自动喷水灭火系统管道变径时，应采用异径管连接，不得采用补芯。

【解读】

管道连接应符合《建筑给水排水设计规范》（GB 50015—2003，2009 年版）的规定。

第 6 小时　阀门、管道试压

（1）阀门。

1）消防管道上阀门采用蝶阀，并有明显的开启标志，高区给水，中水及消防管上的阀门工作压力为 1.6MPa，压力排水管上的阀门工作压力为 1.0MPa。

2）潜污泵出水管上的阀门为闸阀；消防潜污泵管道止回阀为快闭式止回阀；生活潜污泵管道止回阀为缓闭式止回阀。

3）给水系统阀门。管径≤DN50 时，采用铜质截止阀；管径>DN50 时，采用闸阀。给水系统闸阀采用铜芯球墨铸铁材质阀门。

4）地漏。洗衣机部位应采用能防止溢流和干涸的洗衣机专用地漏。其他为管材配套地漏，地漏水封高度不小于 50mm。

5）构造内无存水弯的卫生器具与生活污水管道连接时，必须在排水口以下设存水弯，存水弯的水封高度不得小于 50mm。

6）公共卫生间内的卫生洁具应采用非接触型，小便器、洗手盆、蹲式大便器宜选用感应式。严禁采用活动机械密封代替水封，严禁采用钟罩式地漏。

7）清扫口。盖板应与装饰后地面平，材质为铜制。

8）卫生器具需选用节水办批准使用的节水型产品，并符合《节水型生活用水器具》（CJ/T 164—2014）的要求。住宅坐便器应选用冲洗水量≤6L/次的产品。

9）卫生设备安装按 09S304 配套安装。

10）热水器必须带有保证使用的安全装置；燃气热水器的止回阀应选用有关闭弹簧的止回阀。

【解读】

各种阀门、附件、洁具安装都是竣工验收的重点，应采购符合设计及国家行业标准的产品。

（2）管道试压。

1）消火栓系统管道试验压力为 1.40MPa；喷淋系统试验压力 0.6MPa。

2）给水系统试验压力：低区 0.60MPa，中区 0.95MPa，高区 1.40MPa。

3）中水系统试验压力：低区 0.87MPa，高区 1.32MPa。

4）热水系统试验压力为 0.60MPa。

5）以上各种管道按相关施工及验收规范规定做试压冲洗试验。给水中水管道的水压试验及冲洗试验。排水管道的灌水通球试验均应按照《建筑给水排水及采暖工程施工质量验收规范》（GB 50242—2002）。

【解读】

管道安装完毕后，应按设计要求试压，如无注明，应按验收规范试压。及时完成试压、试水工作，避免装修后期漏水带来巨大损失。

第 7 小时　防腐、保温及油漆

（1）地下一层的给排水管道采用不燃超细玻璃棉 30mm 厚保温，外缠阻燃型塑料布。地下一层消火栓管道采用电伴热保温。

（2）管井内的管道，做防结露保温，保温材料采用难燃软质聚氨酯管壳 10mm 厚保温，外缠阻燃型塑料布。

（3）所有管道及设备保温，防结露保温、电伴热保温详见国标 03S401。保温材料的耐火性能 A 级，氧指数>32。

（4）穿越防火墙的管道需做保温防结露时其材料应用不燃烧材料。穿越防火墙时用不燃烧材料将其周围的空隙填塞密实。

（5）各种管道应在试压合格后方可进行油漆防腐保温等工作。

（6）铸铁管外壁刷石油沥青一道，压力排水管外壁刷灰色调和漆二道。

（7）埋地的压力排水管、给水管、消火栓管道需做防腐，做法为管道外壁刷冷底子油一道、石油沥青两道，外缠玻璃布一道。埋地铸铁管需做防腐，做法为管道外壁刷冷底子油一道、石油沥青两道。

（8）消火栓管刷樟丹二道，红色调和漆二道。自动喷洒管刷樟丹二道，红色黄环调和漆二道。给水管外刷蓝色环；中水管道刷绿色环，中水管道及其阀门、水表应设有明显的防止误饮、误用、误接的标识；排水管外刷黑环。

【解读】

管道为了防冻或防止露水凝结，在特定区域会有保温处理，应按设计要求施工。管道的防腐防锈，以及色环标识也是竣工验收重点。

第 8 小时　其　　他

（1）未尽事宜按《建筑给水排水及采暖工程施工质量验收规范》（GB 50242—2002）及国家现行相关规范施工。

（2）PPR 管道施工验收按《气田集输设计规范》（GB 50349—2005）。

（3）UPVC 管管径见表 2-1。

表 2-1　　UPVC 管管径对照表

公称管径	DN50	DN75	DN100	DN150
UPVC	De50	De75	De110	De160

（4）PPR 冷、中水管图中管径与公称外径见表 2-2。

表 2-2　　PPR 冷、中水管图中管径与公称外径对照表

图中所标管径 DN（mm）	15	20	25	32	40	50
公称外径 De（mm）	20	25	32	40	50	63
冷、中水管计算内径 Dj（mm）	15.4	20.4	26	32.6	40.8	51.4

（5）图例。见表 2-3。

表 2-3　　图　例

图　例	名　称	图　例	名　称
XH　XL-	消火栓给水管及其立管	YW　YWL-	压力污水管及其立管
YF　YFL-	压力废水管及其立管	JD　JDL-	低区给水管及其立管
JZ　JZL-	中区给水管及其立管	JG　JGL-	高区给水管及其立管
ZG　ZGL-	高区中水管及其立管	ZP　ZP-	自喷水管及其立管
W　WL-	重力排水管及其立管	F　FL-	重力废水管及其立管
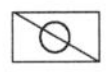	蝶阀		止回阀
	闸阀	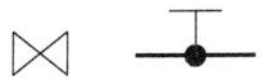	截止阀
	排气阀		单栓消火栓
	双栓消火栓		手提式磷酸铵盐干粉灭火器
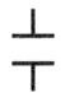	防水套管		检查口
	透气帽	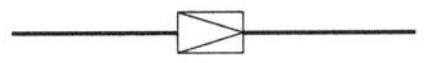	减压阀
	水表		清扫口
	地漏		洗衣机专用地漏
	水泵	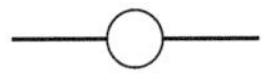	喷淋喷头

（6）设备表见表 2-4。

表 2-4

设 备 表

序号	设备编号	服务区域	参考型号	名称	参数	电机功率（kW）	电源（V）	重量（kg）	数量（台）	应急电源	设备重量（kg）	备注
39	B5	给水泵房	WWG42-47-2	中区无负压设备	$Q=42m^3/h$，$H=47m$ 稳流补偿器：CYQ60X130	5.5	380	控制柜：DKG160	2	否	2600	无备用
40	B6	给水泵房	WWG24-64-2	高区无负压设备	$Q=24m^3/h$，$H=64m$ 稳流补偿器：CYQ60X130	4.0	380	控制柜：DKG160	2	否	2300	无备用
41	B7	消防泵房	XBD20-100-HY	消防变频恒压泵	$Q=20m^3/h$，$H=100m$	37	380	自带控制柜	2	是	400	一用一备
42	B8	消防泵房	XBD30-40-HY	喷淋变频恒压泵	$Q=30m^3/h$，$H=40m$	30	380	自带控制柜	2	是	400	一用一备
43	B9	消防泵房	ZW（L）-II-38	增压稳压设备	扬程=38m，流量 5L/s	2.2	380	自带控制柜	2	是	1500	一用一备

【解读】

给排水管道常用材质一般为金属和塑料两种。通常设计时，金属管道的管径标为 DN，塑料管道的管径标为 De。但切勿因此看图时以此分辨管材，因为同标为 DN 也是允许的，故管材仍需按设计说明确定。另外，塑料给水管材质还有级别区别，施工前应与设计沟通，避免水管承压或寿命不符合要求。

给排水管道在图纸中，均为单线表示。为便于识别，一般会将其加粗，然后在线中标注各种字母，或者用虚线、点画线等不同的线型来区分不同的管道。每种管道采用的标识方式没有硬性统一规定，故施工人员应牢记本工程图例设置，避免混淆。

通常建筑中如果有电驱设备需在施工中安装，会给出设备表，如水泵、风机等。采购时应按设备表中性能参数要求购买，并与厂家核实安装所需基础、吊架等要求，知会土建施工方完成预留预埋，方便我们安装。

第3天

住宅楼工程给水排水施工图识读详解

第1～2小时　详解住宅楼工程给水排水平面图

住宅楼地下一层给水排水平面图，如图3-1所示。
住宅楼一～三层给水排水平面图，如图3-2～图3-4所示。
住宅楼标准层给水排水平面图，如图3-5所示。

第3小时　详解住宅楼工程喷淋平面图、系统图

住宅楼首层喷淋平面图、喷淋原理图，如图3-6所示。
住宅楼二层喷淋平面图，如图3-7所示。

第4小时　详解住宅楼工程设备管道层平面图

住宅楼设备管道层平面图，如图3-8所示。

第5小时　详解住宅楼工程户型给水排水系统图

住宅楼户型给水排水系统图，如图3-9所示。

第6小时　详解住宅楼工程泵房给水排水详图

住宅楼泵房给水排水详图，如图3-10所示。

第7小时　详解住宅楼工程住宅部分排水、给水、中水立管图

住宅楼住宅部分排水立管图，如图3-11所示。
住宅楼住宅部分给水立管和中水立管图，如图3-12所示。

第8小时　详解住宅楼住宅部分消火栓立管图

住宅楼住宅部分消火栓立管图，如图3-13所示。

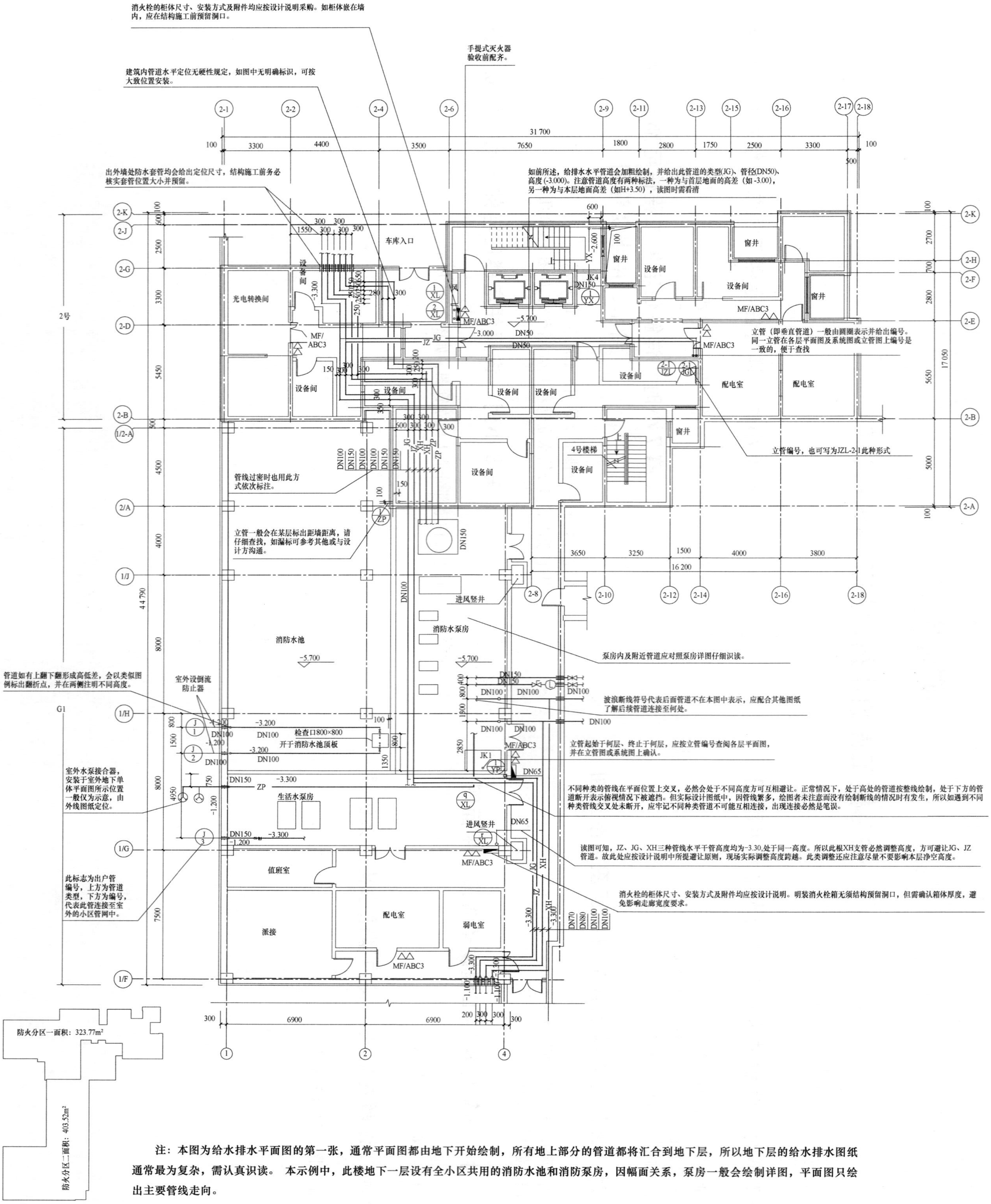
消火栓的柜体尺寸、安装方式及附件均应按设计说明采购。如柜体嵌在墙内，应在结构施工前预留洞口。
建筑内管道水平定位无硬性规定，如图中无明确标识，可按大致位置安装。
手提式灭火器验收前配齐。
出外墙处防水套管均会给出定位尺寸，结构施工前务必核实套管位置大小并预留。
如前所述，给排水水平管道会加粗绘制，并给出此管道的类型(JG)、管径(DN50)、高度(-3.000)。注意管道高度有两种标法，一种为与首层地面的高差（如-3.00)，另一种为与本层地面高差（如H+3.50)，读图时需看清
立管（即垂直管道）一般由圆圈表示并给出编号。同一立管在各层平面图及系统图或立管图上编号是一致的，便于查找
立管编号，也可写为JZL-2-1此种形式
管线过密时也用此方式依次标注。
立管一般会在某层标出距墙距离，请仔细查找，如漏标可参考其他或与设计方沟通。
泵房内及附近管道应对照泵房详图仔细识读。
管道如有上翻下翻形成高低差，会以类似图例标出翻折点，并在两侧注明不同高度。
室外设倒流防止器
波浪断线符号代表后面管道不在本图中表示，应配合其他图纸了解后续管道连接至何处。
立管起始于何层、终止于何层，应按立管编号查阅各层平面图，并在立管图或系统图上确认。
室外水泵接合器，安装于室外地下单体平面图所示位置一般仅为示意，由外线图纸定位。
不同种类的管线在平面位置上交叉，必然会处于不同高度方可互相避让。正常情况下，处于高处的管道按整线绘制，处于下方的管道断开表示俯视情况下被遮挡。但实际设计图纸中，因管线繁多，绘图者未注意而没有绘制断线的情况时有发生，所以如遇到不同种类管线交叉处未断开，应牢记不同种类管道不可能互相连接，出现连接必然是笔误。
读图可知，JZ、JG、XH三种管线水平干管高度均为-3.30,处于同一高度。所以此根XH支管必然调整高度，方可避让JG、JZ管道。故此处应按设计说明中所提避让原则，现场实际调整高度跨越。此类调整还应注意尽量不要影响本层净空高度。
此标志为出户管编号，上方为管道类型，下方为编号，代表此管连接至室外的小区管网中。
消火栓的柜体尺寸、安装方式及附件均应按设计说明。明装消火栓箱无须结构预留洞口，但需确认箱体厚度，避免影响走廊宽度要求。
车库入口
消防水池
消防水泵房
生活水泵房
进风竖井
值班室
配电室
弱电室
派接
光电转换间
设备间
窗井
4号楼梯
检查口800×800
开于消防水池顶板
防火分区一面积：323.77m²
防火分区二面积：403.52m²

注：本图为给水排水平面图的第一张，通常平面图都由地下开始绘制，所有地上部分的管道都将汇合到地下层，所以地下层的给水排水图纸通常最为复杂，需认真识读。本示例中，此楼地下一层设有全小区共用的消防水池和消防泵房，因幅面关系，泵房一般会绘制详图，平面图只绘出主要管线走向。

图 3-1　地下一层给水排水平面图

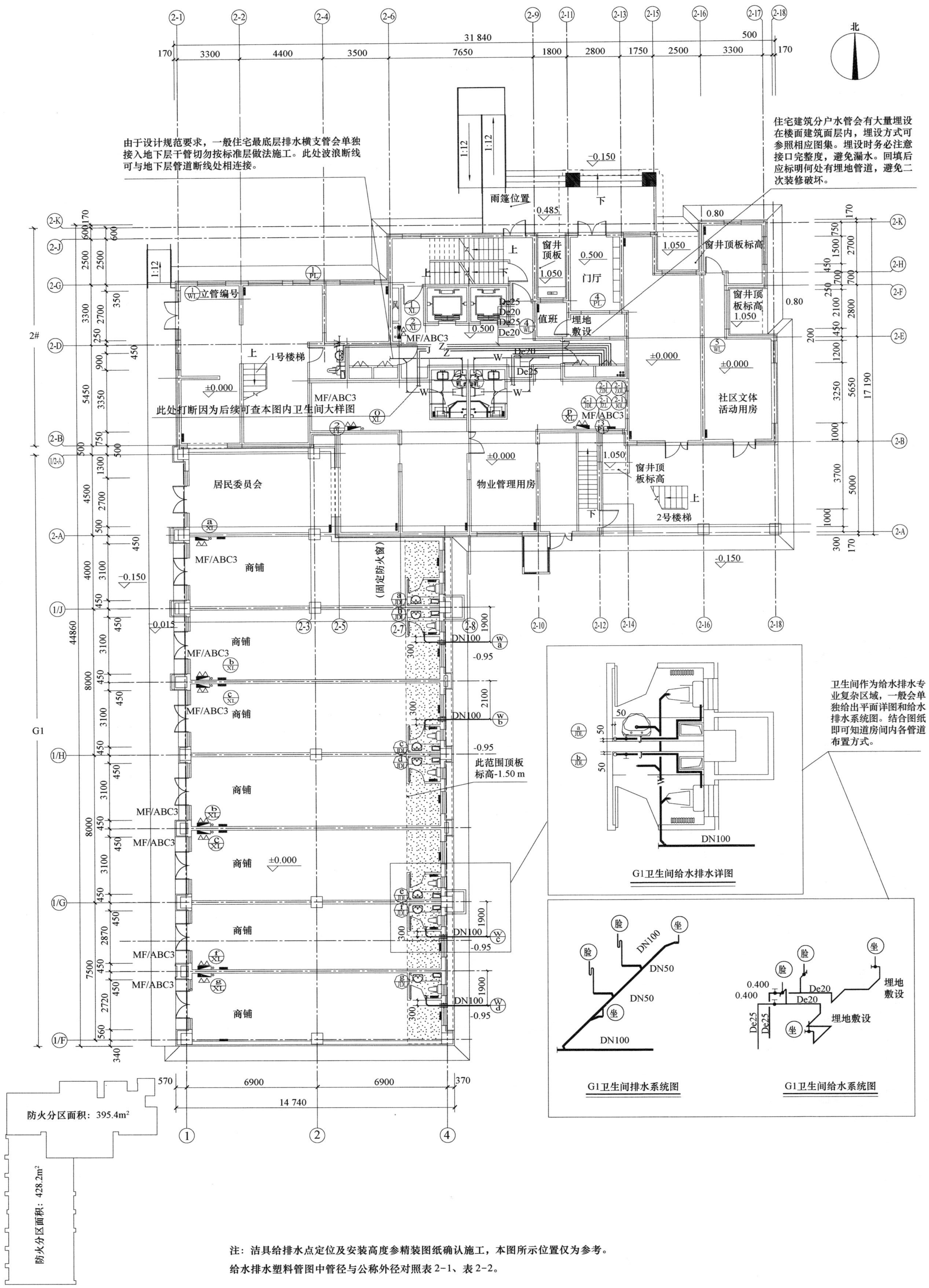
由于设计规范要求，一般住宅最底层排水横支管会单独接入地下层干管切勿按标准层做法施工。此处波浪断线可与地下层管道断线处相连接。
住宅建筑分户水管会有大量埋设在楼面建筑面层内，埋设方式可参照相应图集。埋设时务必注意接口完整度，避免漏水。回填后应标明何处有埋地管道，避免二次装修破坏。
此处打断因为后续可查本图内卫生间大样图
雨篷位置
窗井顶板
门厅
值班
埋地敷设
窗井顶板标高
社区文体活动用房
居民委员会
物业管理用房
2号楼梯
1号楼梯
立管编号
商铺
(固定防火窗)
此范围顶板标高-1.50 m
卫生间作为给水排水专业复杂区域，一般会单独给出平面详图和给水排水系统图。结合图纸即可知道房间内各管道布置方式。
G1卫生间给水排水详图
G1卫生间排水系统图
G1卫生间给水系统图
防火分区面积：395.4m²
防火分区面积：428.2m²

注：洁具给排水点定位及安装高度参精装图纸确认施工，本图所示位置仅为参考。

给水排水塑料管图中管径与公称外径对照表 2-1、表 2-2。

图 3-2　一层给水排水平面图

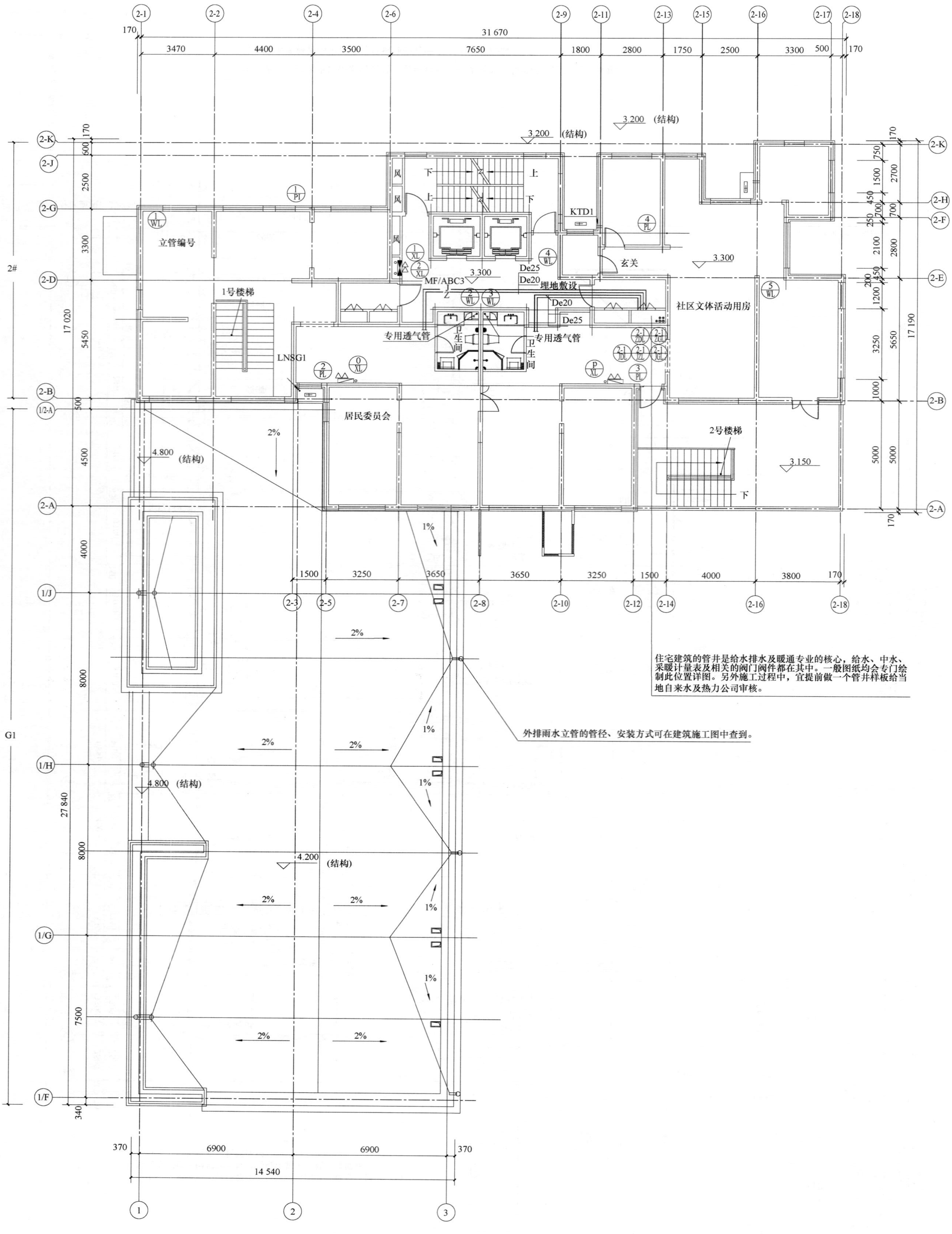

注：洁具给水排水点定位及安装高度参精装图纸确认施工，本图所示位置仅为参考。给水排水塑料管图中管径与公称外径对照表2-1、表2-2。

图 3-3　二层给水排水平面图

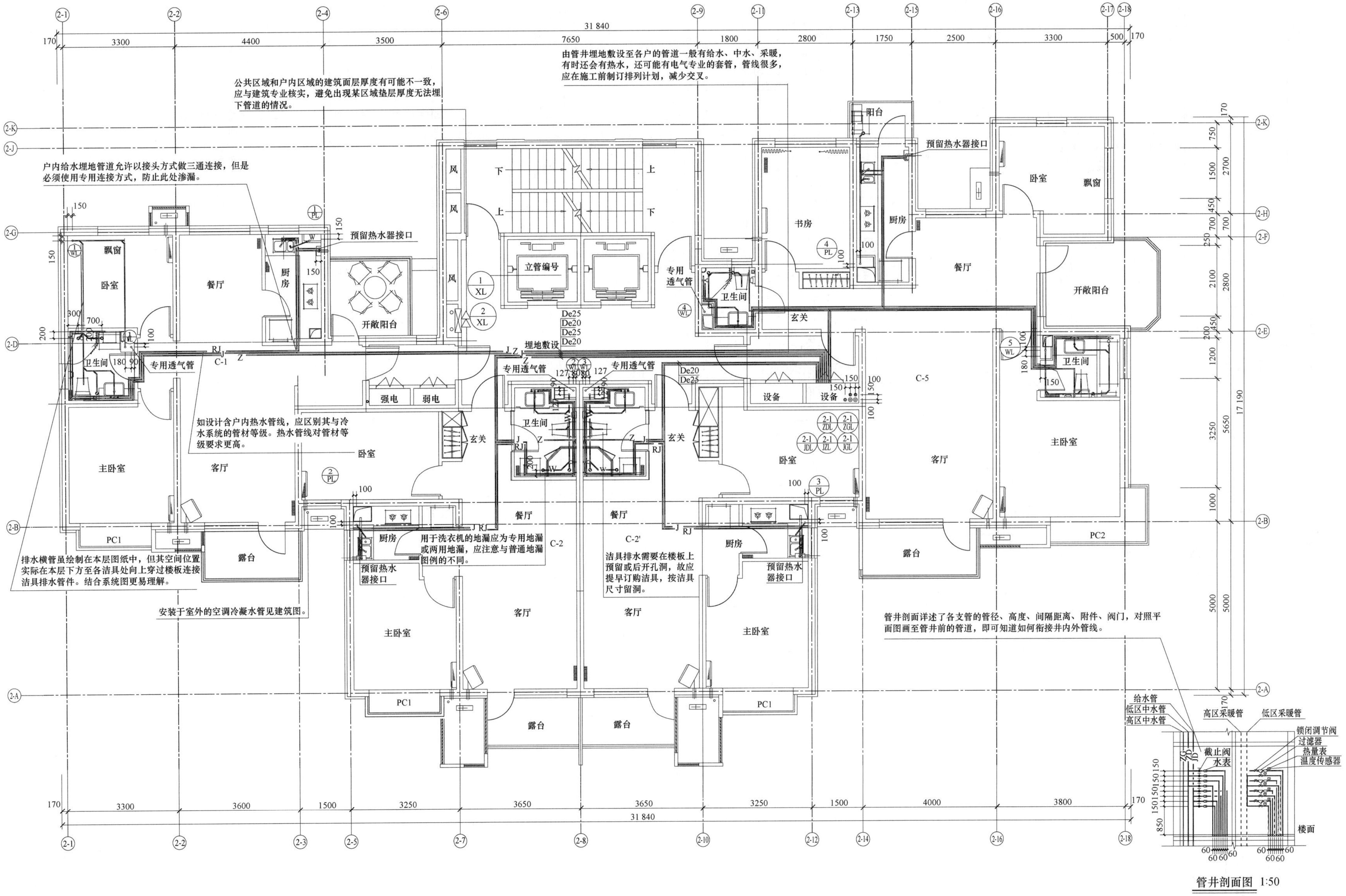
由管井埋地敷设至各户的管道一般有给水、中水、采暖，有时还会有热水，还可能有电气专业的套管，管线很多，应在施工前制订排列计划，减少交叉。
公共区域和户内区域的建筑面层厚度有可能不一致，应与建筑专业核实，避免出现某区域垫层厚度无法埋下管道的情况。
户内给水埋地管道允许以接头方式做三通连接，但是必须使用专用连接方式，防止此处渗漏。
预留热水器接口
立管编号
专用透气管
埋地敷设
如设计含户内热水管线，应区别其与冷水系统的管材等级。热水管线对管材等级要求更高。
排水横管虽绘制在本层图纸中，但其空间位置实际在本层下方至各洁具处向上穿过楼板连接洁具排水管件。结合系统图更易理解。
安装于室外的空调冷凝水管见建筑图。
用于洗衣机的地漏应为专用地漏或两用地漏，应注意与普通地漏图例的不同。
洁具排水需要在楼板上预留或后开孔洞，故应提早订购洁具，按洁具尺寸留洞。
管井剖面详述了各支管的管径、高度、间隔距离、附件、阀门，对照平面图画至管井前的管道，即可知道如何衔接井内外管线。
卧室
飘窗
餐厅
厨房
开敞阳台
卫生间
主卧室
客厅
露台
玄关
书房
阳台
强电
弱电
设备
风
上
下
C-1
C-2
C-2'
C-5
PC1
PC2
给水管
低区中水管
高区中水管
高区采暖管
低区采暖管
锁闭调节阀
过滤器
热量表
温度传感器
截止阀
水表
楼面
管井剖面图 1:50

注：洁具给水排水点定位及安装高度参照精装图纸确认施工，本图所示位置仅为参考。

给水排水塑料管图中管径与公称外径对照表 2-1、表 2-2。

图 3-4　三层给水排水平面图

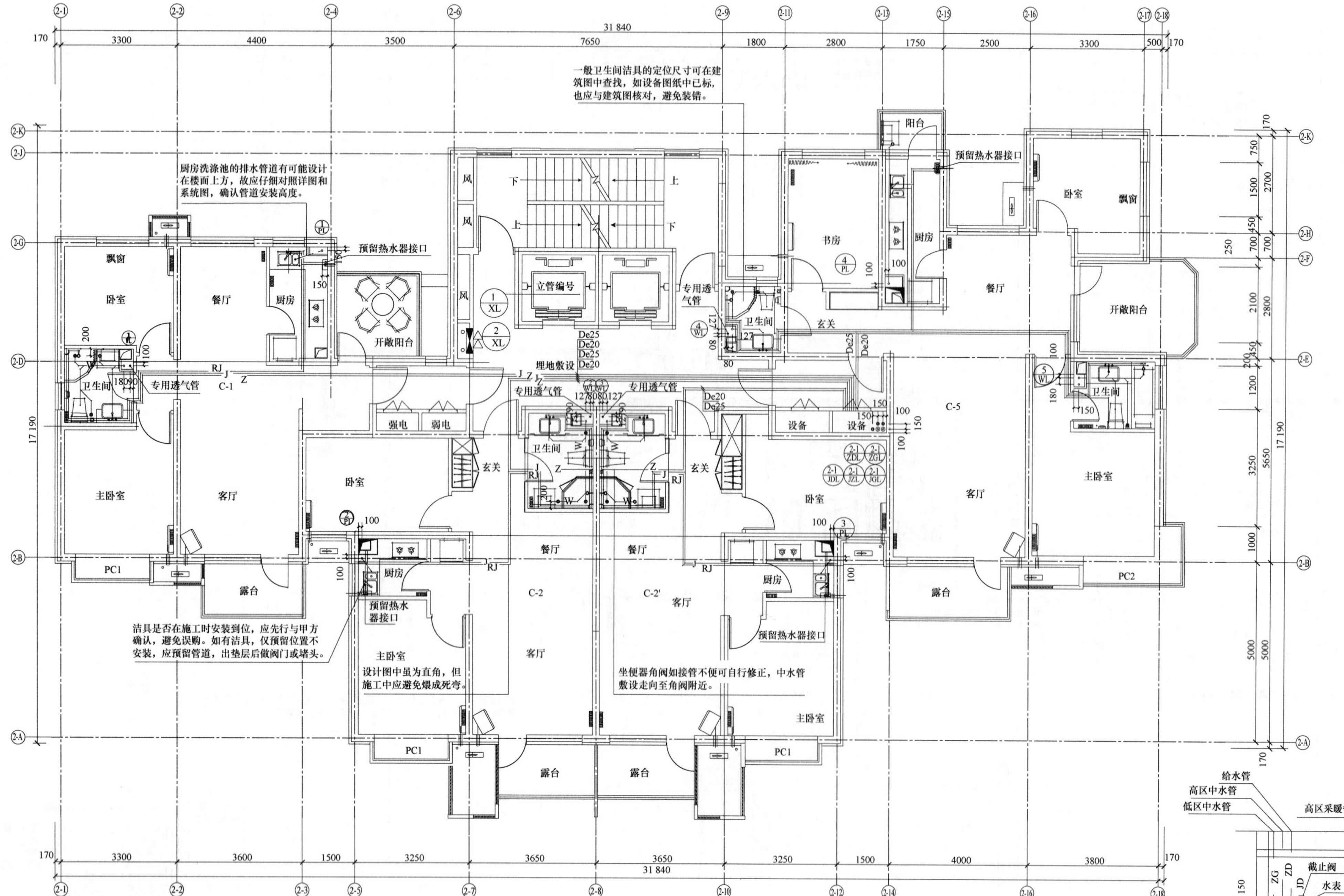
一般卫生间洁具的定位尺寸可在建筑图中查找，如设备图纸中已标，也应与建筑图核对，避免装错。
厨房洗涤池的排水管道有可能设计在楼面上方，故应仔细对照详图和系统图，确认管道安装高度。
预留热水器接口
专用透气管
埋地敷设
立管编号
洁具是否在施工时安装到位，应先行与甲方确认，避免误购。如有洁具，仅预留位置不安装，应预留管道，出垫层后做阀门或堵头。
设计图中虽为直角，但施工中应避免煨成死弯。
坐便器角阀如接管不便可自行修正，中水管敷设走向至角阀附近。
卧室
餐厅
厨房
卫生间
主卧室
客厅
玄关
书房
露台
开敞阳台
飘窗
阳台
强电
弱电
设备
31 840
17 190
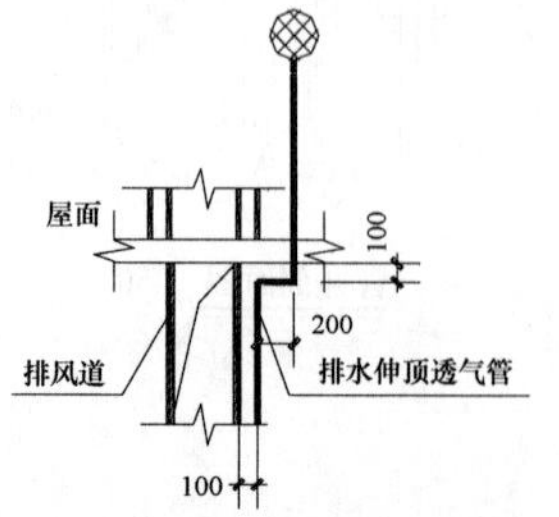
屋面
排风道
排水伸顶透气管
100
200

屋顶伸顶透气管遇排风道冲突避让示意图

排水伸顶透气管如与屋面通风道位置冲突，透气管应如图所示在屋面顶板下避让后出屋面

注：洁具给水排水点定位及安装高度参照精装图纸确认施工，本图所示位置仅为参考。

给水排水塑料管图中管径与公称外径对照表 2-1、表 2-2。

图 3-5 标准层给水排水平面图

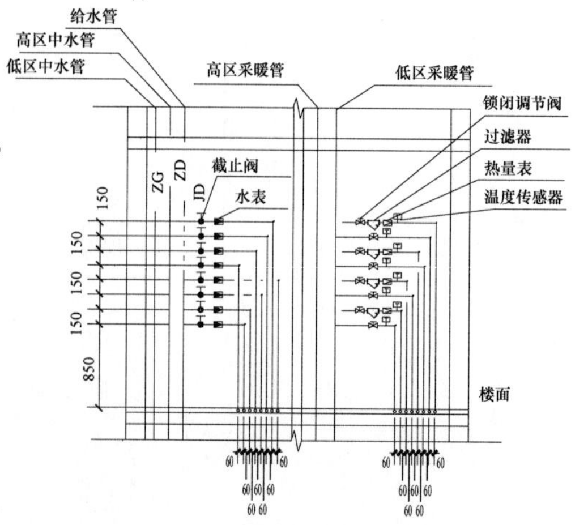
给水管
高区中水管
低区中水管
高区采暖管
低区采暖管
锁闭调节阀
过滤器
热量表
温度传感器
截止阀
水表
楼面

管井剖面图 1:50

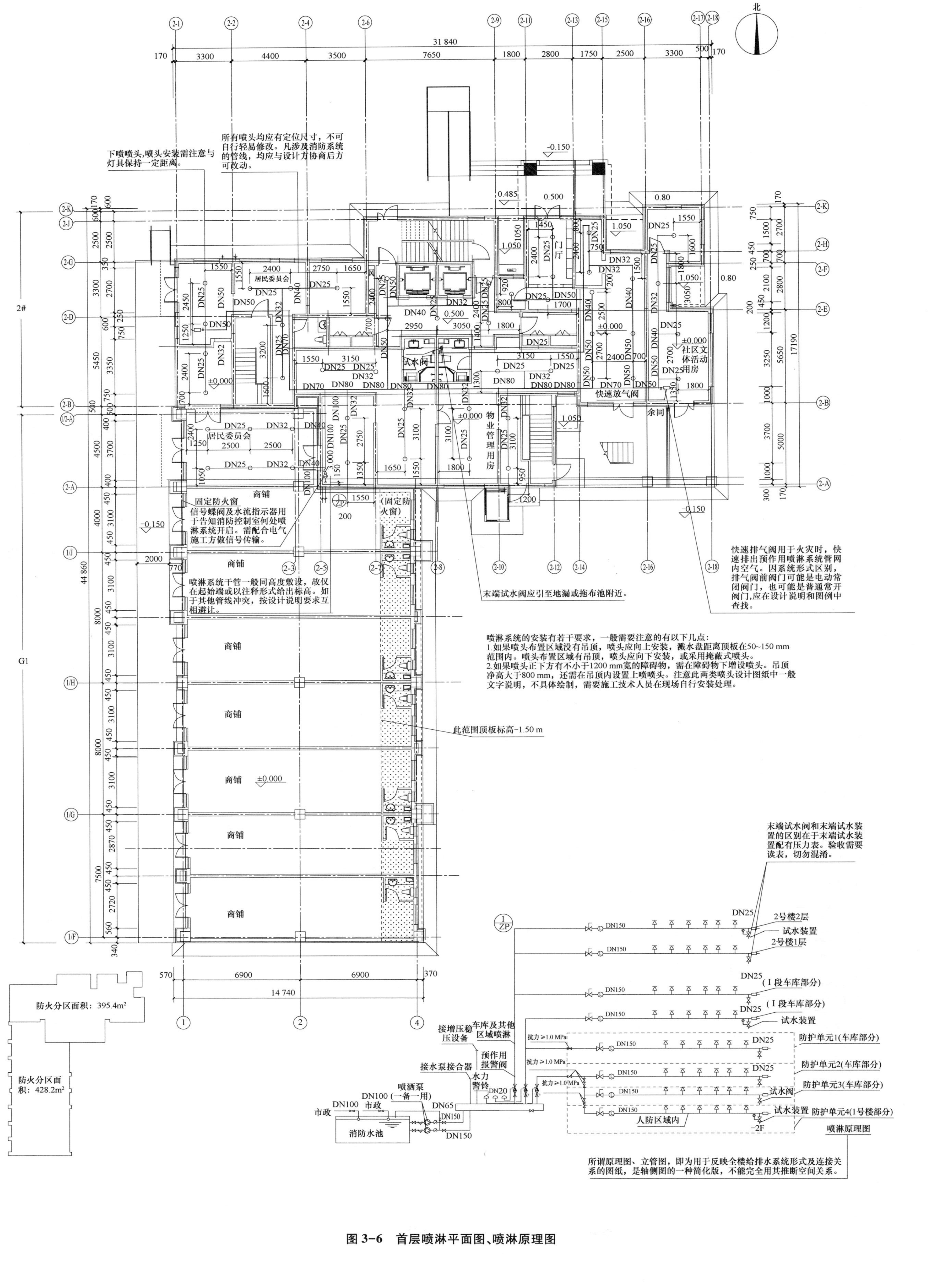
北
下喷喷头,喷头安装需注意与灯具保持一定距离。
所有喷头均应有定位尺寸，不可自行轻易修改。凡涉及消防系统的管线，均应与设计方协商后方可改动。
固定防火窗
信号蝶阀及水流指示器用于告知消防控制室何处喷淋系统开启。需配合电气施工方做信号传输。
喷淋系统干管一般同高度敷设，故仅在起始端或以注释形式给出标高。如于其他管线冲突，按设计说明要求互相避让。
末端试水阀应引至地漏或拖布池附近。
快速排气阀用于火灾时，快速排出预作用喷淋系统管网内空气。因系统形式区别，排气阀前阀门可能是电动常闭阀门，也可能是普通常开阀门,应在设计说明和图例中查找。
快速放气阀
喷淋系统的安装有若干要求，一般需要注意的有以下几点：
1.如果喷头布置区域没有吊顶，喷头应向上安装，溅水盘距离顶板在50~150 mm范围内。喷头布置区域有吊顶，喷头应向下安装，或采用掩蔽式喷头。
2.如果喷头正下方有不小于1200 mm宽的障碍物，需在障碍物下增设喷头。吊顶净高大于800 mm，还需在吊顶内设置上喷喷头。注意此两类喷头设计图纸中一般文字说明，不具体绘制，需要施工技术人员在现场自行安装处理。
此范围顶板标高-1.50 m
商铺
居民委员会
物业管理用房
社区文体活动用房
门厅
试水阀
防火分区面积：395.4m²
防火分区面积：428.2m²
末端试水阀和末端试水装置的区别在于末端试水装置配有压力表。验收需要读表，切勿混淆。
2号楼2层
试水装置
2号楼1层
（Ⅰ段车库部分）
防护单元1(车库部分)
防护单元2(车库部分)
防护单元3(车库部分)
防护单元4(1号楼部分)
人防区域内
接增压稳压设备
车库及其他区域喷淋
预作用报警阀
接水泵接合器
水力警铃
喷洒泵（一备一用）
市政
消防水池
喷淋原理图
所谓原理图、立管图，即为用于反映全楼给排水系统形式及连接关系的图纸，是轴侧图的一种简化版，不能完全用其推断空间关系。

图 3-6　首层喷淋平面图、喷淋原理图

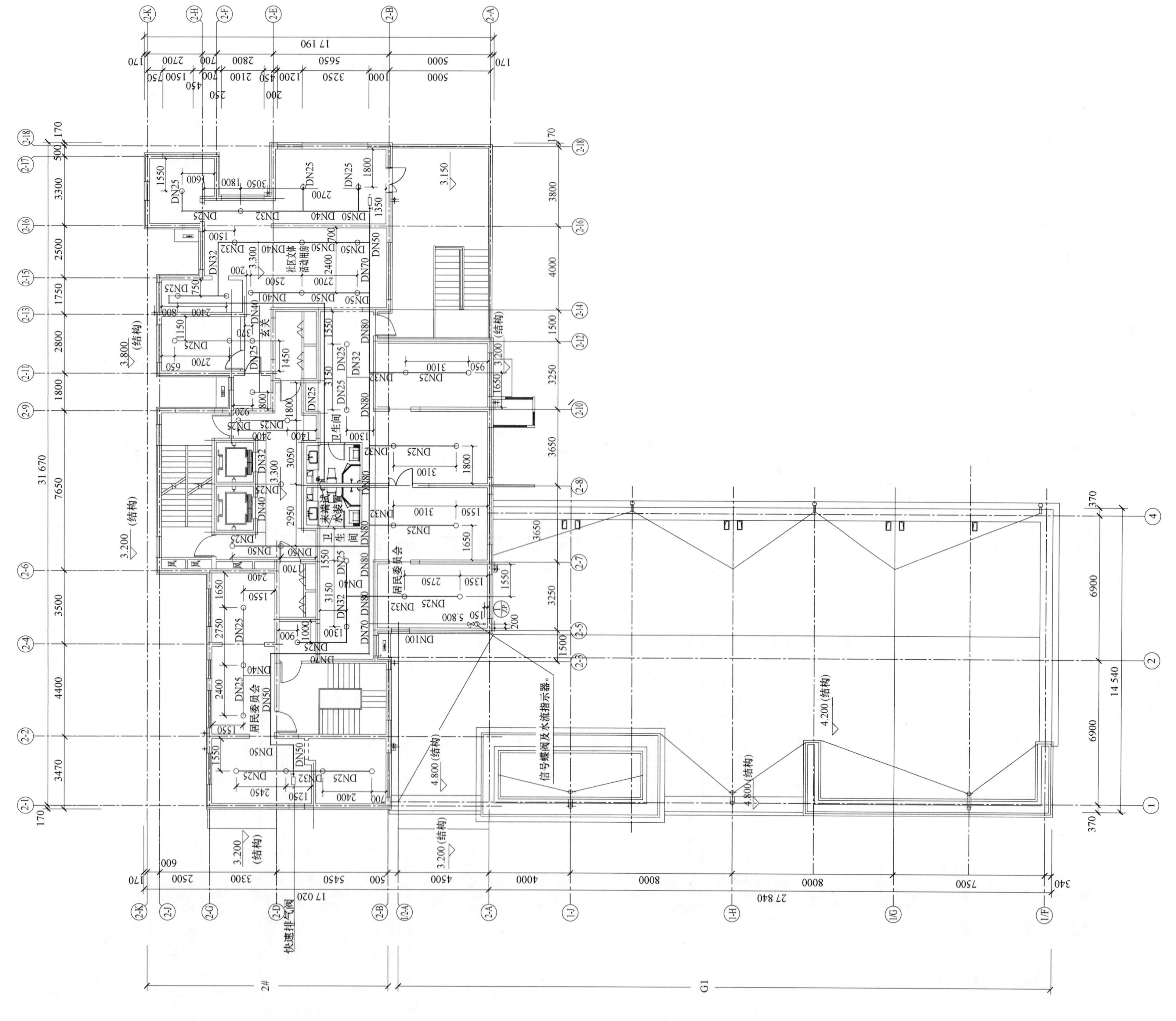
居民委员会
社区文体活动用房
卫生间
玄关
末端试水装置
快速排气阀
信号蝶阀及水流指示器。
3.200（结构）
3.800（结构）
4.200（结构）
4.800（结构）
31 670
17 020
17 190
27 840
14 540

图 3-7　二层喷淋平面图

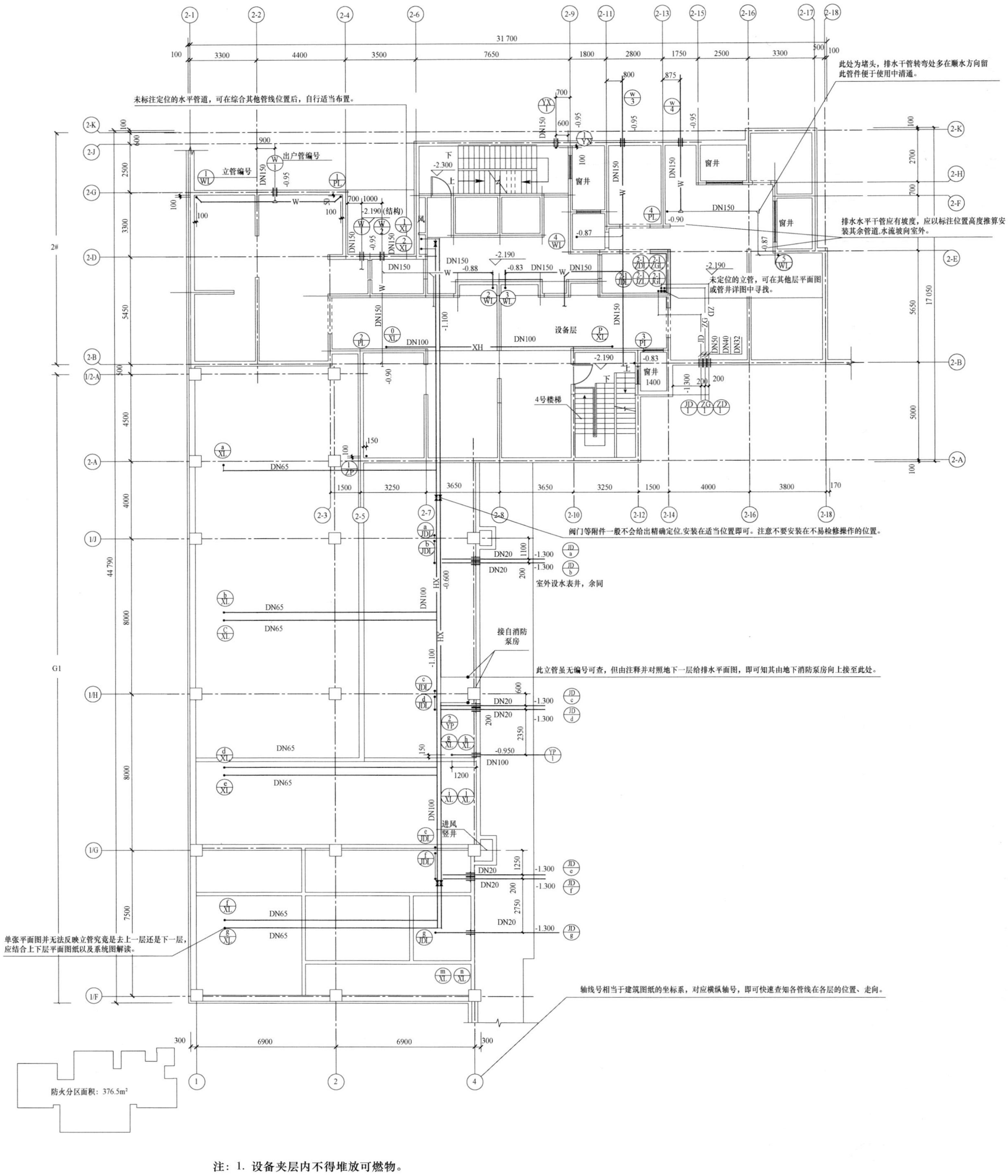

此处为堵头，排水干管转弯处多在顺水方向留此管件便于使用中清通。
未标注定位的水平管道，可在综合其他管线位置后，自行适当布置。
立管编号
出户管编号
排水水平干管应有坡度，应以标注位置高度推算安装其余管道.水流坡向室外。
未定位的立管，可在其他层平面图或管井详图中寻找。
设备层
4号楼梯
窗井
阀门等附件一般不会给出精确定位.安装在适当位置即可。注意不要安装在不易检修操作的位置。
室外设水表井，余同
接自消防泵房
此立管虽无编号可查，但由注释并对照地下一层给排水平面图，即可知其由地下消防泵房向上接至此处。
进风竖井
单张平面图并无法反映立管究竟是去上一层还是下一层，应结合上下层平面图纸以及系统图解读。
轴线号相当于建筑图纸的坐标系，对应横纵轴号，即可快速查知各管线在各层的位置、走向。
防火分区面积：376.5m²

注：1. 设备夹层内不得堆放可燃物。

2. 各层给水、消防的管道一般绘制在本层图纸中，比如一层空间内的给水、消防管道一般绘制在一层平面图中。但是排水管线有些不同，一般地上层的排水干管都绘制在管线所在层的上一层，因为这些管道是为上一层服务的。但地下层的干管有很多是为全楼服务的，这些管道多绘制在本层平面图中。所以排水管道究竟在何位置，应仔细查找平面图上所注标高，结合系统图或立管图确认。

图 3-8　设备管道层平面图

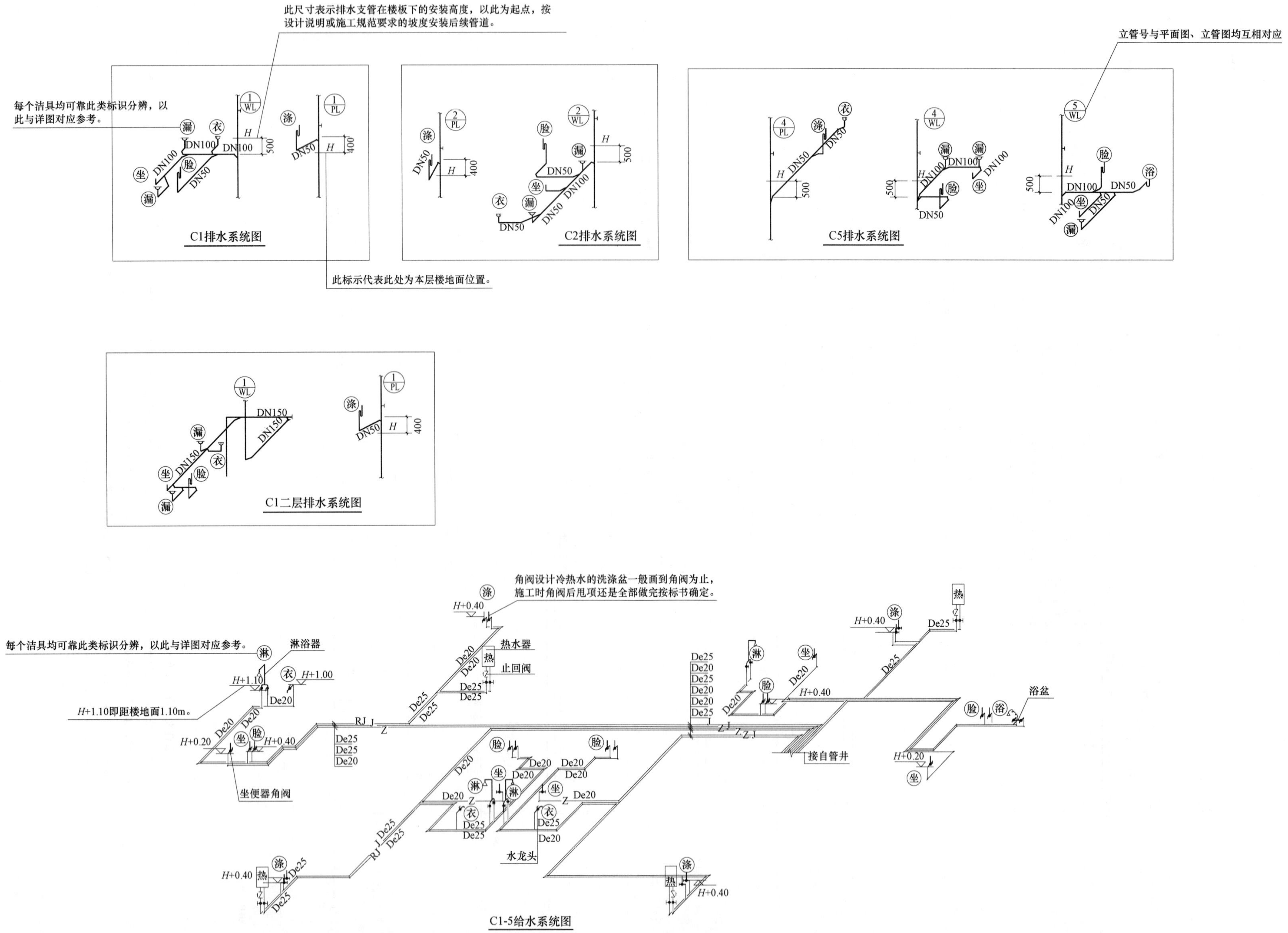

此尺寸表示排水支管在楼板下的安装高度，以此为起点，按设计说明或施工规范要求的坡度安装后续管道。
每个洁具均可靠此类标识分辨，以此与详图对应参考。
立管号与平面图、立管图均互相对应
C1排水系统图
C2排水系统图
C5排水系统图
此标示代表此处为本层楼地面位置。
C1二层排水系统图
角阀设计冷热水的洗涤盆一般画到角阀为止，施工时角阀后甩项还是全部做完按标书确定。
每个洁具均可靠此类标识分辨，以此与详图对应参考。
淋浴器
热水器
止回阀
H+1.10即距楼地面1.10m。
坐便器角阀
接自管井
浴盆
水龙头
C1-5给水系统图

图 3-9　户型给水排水系统图

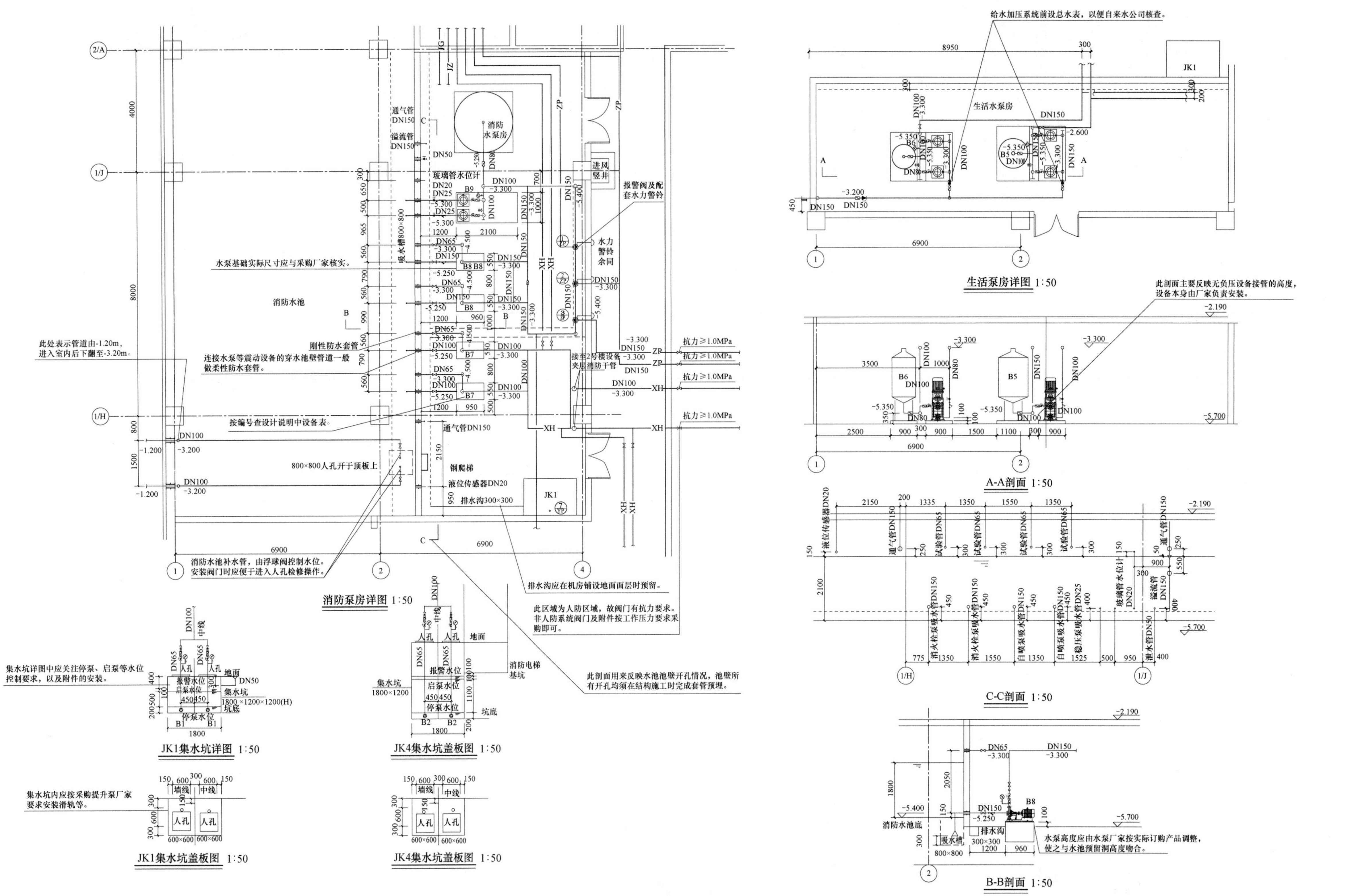

消防泵房详图 1:50
生活泵房详图 1:50
A-A剖面 1:50
C-C剖面 1:50
B-B剖面 1:50
JK1集水坑详图 1:50
JK4集水坑盖板图 1:50
JK1集水坑盖板图 1:50
JK4集水坑盖板图 1:50
给水加压系统前设总水表，以便自来水公司核查。
此剖面主要反映无负压设备接管的高度，设备本身由厂家负责安装。
水泵基础实际尺寸应与采购厂家核实。
此处表示管道由-1.20m，进入室内后下翻至-3.20m。
连接水泵等震动设备的穿水池壁管道一般做柔性防水套管。
刚性防水套管
按编号查设计说明中设备表。
800×800人孔开于顶板上
消防水池补水管，由浮球阀控制水位。安装阀门时应便于进入人孔检修操作。
排水沟应在机房铺设地面面层时预留。
此区域为人防区域，故阀门有抗力要求。非人防系统阀门及附件按工作压力要求采购即可。
此剖面用来反映水池池壁开孔情况，池壁所有开孔均须在结构施工时完成套管预埋。
报警阀及配套水力警铃
接至2号楼设备夹层消防干管
抗力≥1.0MPa
消防水池
消防水泵房
生活水泵房
进风竖井
集水坑详图中应关注停泵、启泵等水位控制要求，以及附件的安装。
集水坑内应按采购提升泵厂家要求安装滑轨等。
水泵高度应由水泵厂家按实际订购产品调整，使之与水池预留洞高度吻合。

图 3-10　泵房给水排水详图

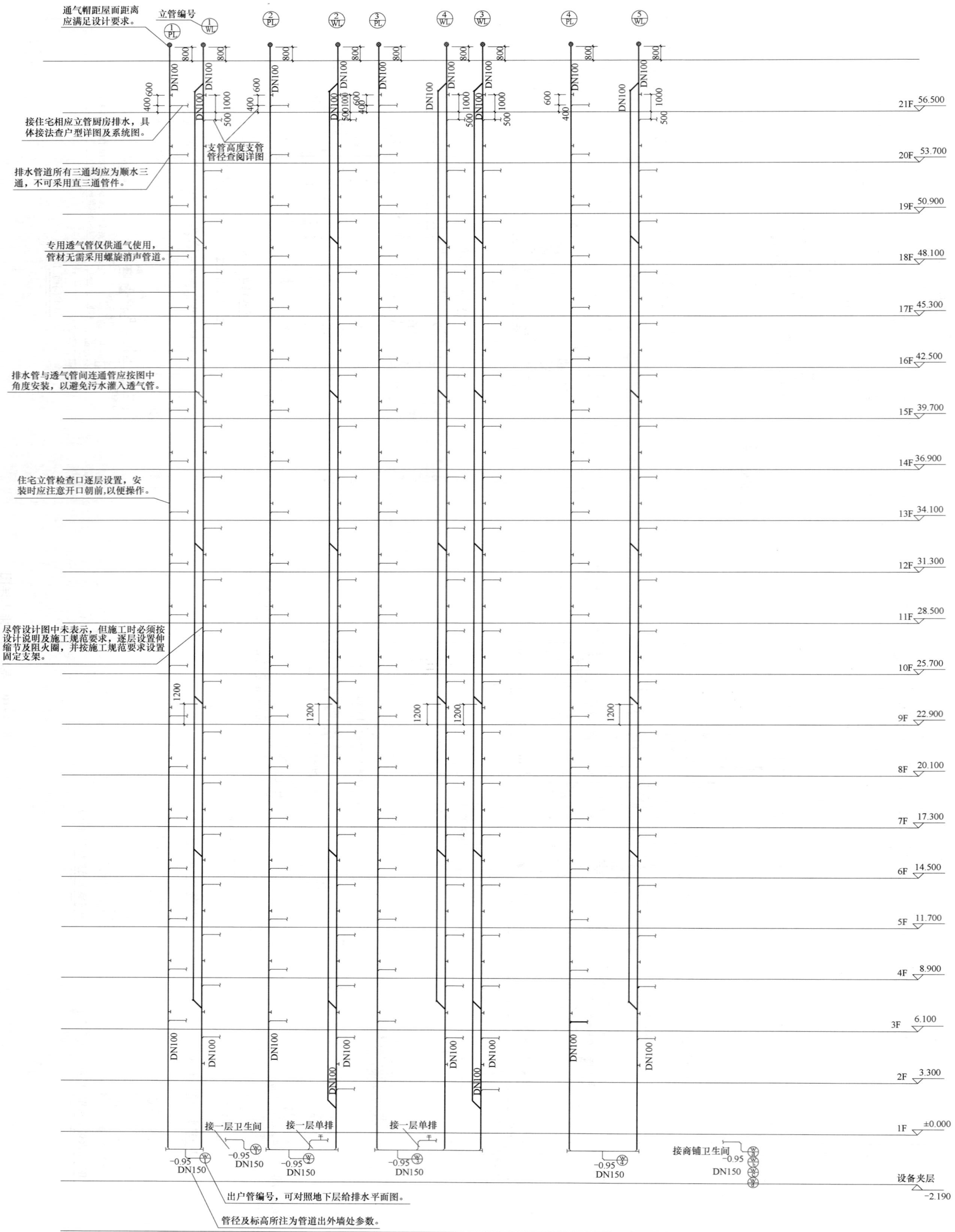

所谓原理图、立管图，即为用于反映全楼给水排水系统形式及连接关系的图纸，是轴测图的一种简化版，不能完全用其推断空间关系。

图 3-11　住宅部分排水立管图

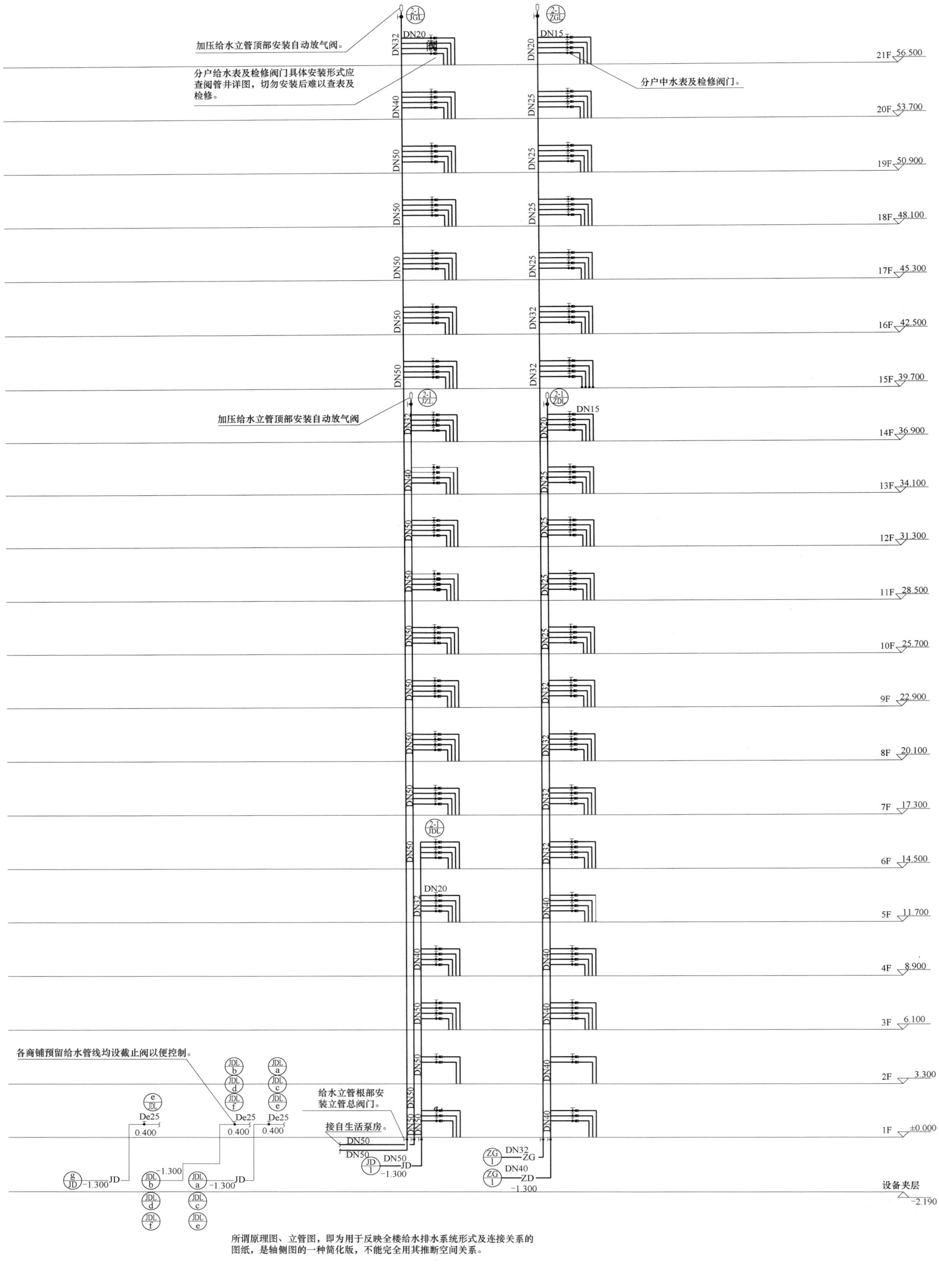

所谓原理图、立管图，即为用于反映全楼给水排水系统形式及连接关系的图纸，是轴侧图的一种简化版，不能完全用其推断空间关系。

图 3-12　住宅部分给水立管图、部分中水立管图

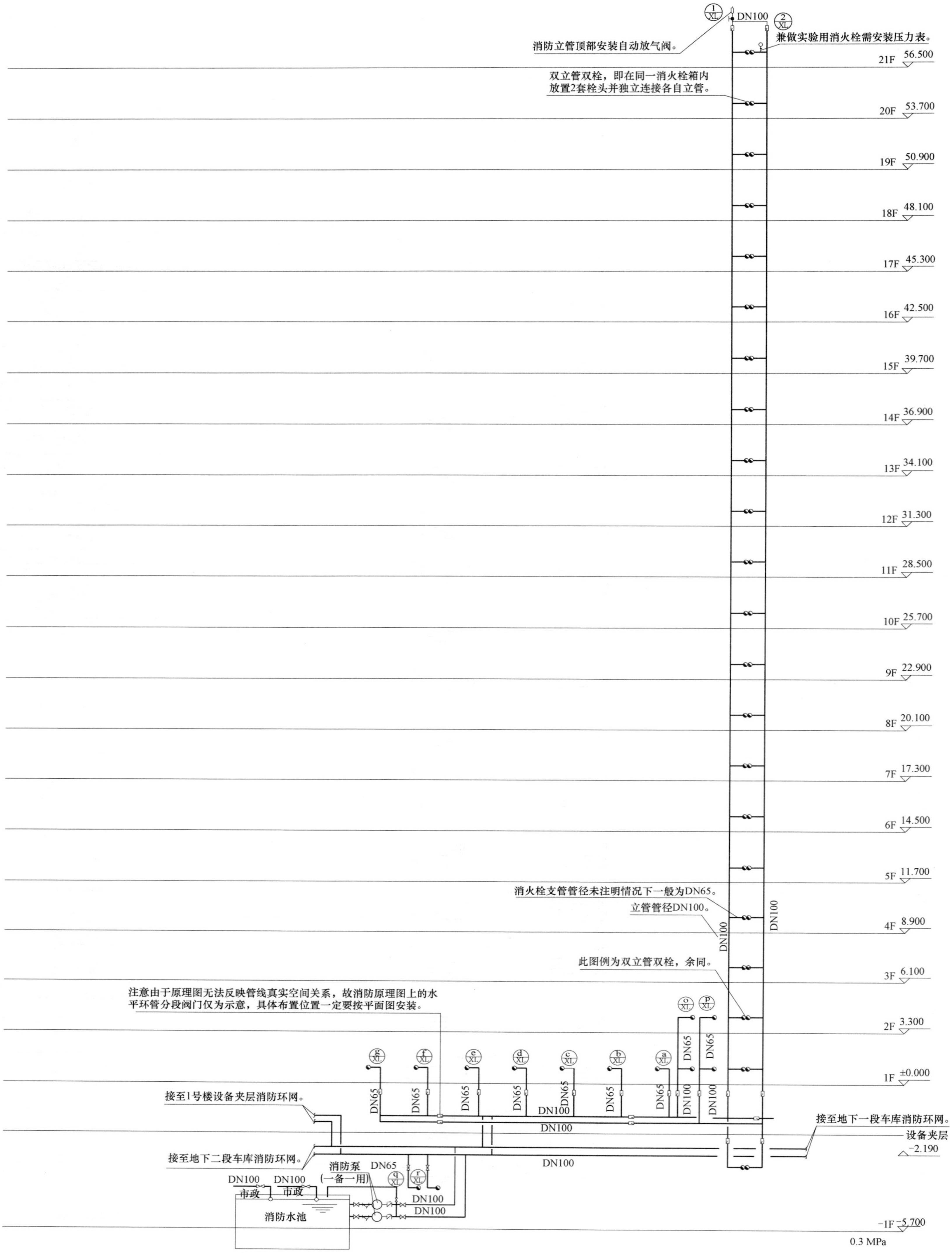

原理图虽然不能反映管道真实空间关系，但是可以更清晰地反映系统的原理，指导施工人员了解管线系统的来龙去脉。

注：九层（含）以下消火栓为减压消火栓，阀后压力为栓口距地 1.1m。

图 3-13　住宅部分消火栓立管图

第4天

住宅楼工程暖通施工图设计总说明

第1小时　设计依据及工程概况

（1）设计依据。

1）《工业建筑供暖通风与空气调节设计规范》（GB 50019—2015）；

2）《建筑设计防火规范》（GB 50016—2014）；

3）《居住建筑节能设计标准》（DB 11/891—2012）；

4）《公共建筑节能设计标准》（DB 11/687—2015）；

5）《住宅设计规范》（GB 50096—2011）。

【解读】

设计依据中列出了设计所参照的重要国家设计规范，施工人员也应做相应了解。施工中还应参考《建筑给水排水及采暖工程施工质量验收规范》及各种材料、设备的行业标准。

（2）工程概况。

1）北京市××区××局部地块居住项目，本楼为单元式住宅楼，层数21层。

2）本工程设计范围为室内采暖、通风及防排烟系统。

【解读】

工程概况可大致了解所施工建筑的基本情况，如结构形式、层数、功能。

第2小时　采暖通风设计参数

（1）冬季采暖室外计算温度：-9℃；

冬季通风计算温度：-5℃；

夏季通风室外计算温度：30℃。

（2）冬季采暖室内计算温度：卧室、起居室20℃，带洗浴卫生间25℃，厨房16℃；公共卫生间16℃，人员活动、物业办公及值班室18℃，生活及中水、消防泵房10℃。

【解读】

室内设计温度及竣工后系统调试各房间应达到的温度。

第3小时　采暖系统设计

（1）采暖系统设计范围及热源。

采暖范围：地上住宅部分。

热源为：小区统一换热站，换热站设置于5号楼之间；换热站提供80℃/60℃采暖热水；采暖系统高低区工作压力分别为1.0及0.75MPa，定压及补水方式由小区换热站统一考虑。一次热媒供回水温度有热力公司待定。

（2）采暖系统形式及管道敷设方式。

本工程采暖系统分高、低两个分区，14层及其以下为低区，15层以上为高区；部分21层单元以11层以下为低区，11层及以上为高区。住宅部分采用分户热计量系统，热表设在各层楼梯间竖井内，系统采用下供下回双管异程系统；住宅户内系统为双管水平同程并联，形式为同侧连接下供下回式。采暖支管敷设于垫层内。采暖温度控制方式为自动恒温控制阀调节控制。

（3）本工程散热器选用铜铝复合散热器，型号为EJ1065，80/60℃下单片散热量约为110W。如个别房间甲方换装EJ1180，可按图中标注片数的1/2折算。所有散热器均采用挂墙式安装，住宅部分散热器底距地180mm，接管方式为下接口散热器，每组散热器进水管上均设自动恒温调节阀以调节进入每组散热器的水流量。

（4）本工程各单体住宅高低区分别设有一个采暖引入口；各引入口采暖热负荷、系统阻力损失详采暖平面图。

（5）地下消防、生活泵房由电气预留电源，冬季采用电暖气作为采暖形式，维持5℃防冻温度。

【解读】

按系统工作压力采购管材及管件。

结合系统图或立管图，可理清采暖管道敷设方式。

应关注散热器材质、尺寸、散热量以及连接方式，按此采购可满足此条件的散热器品牌。

第4小时　通风系统设计

（1）住宅的厨房和卫生间均设有建筑排风竖风道，并均带有防回流装置。住宅由户主自行设置排风装置。地下消防、生活泵房设机械送排风系统，保证每小时10次/h换气次数。

（2）接有风管系统的风机的出入口处设长为150mm的不燃软管；防火阀处应单独设吊架固定。

（3）所有土建通风竖井管道内壁必须平整、光滑，严密性好，不漏风。

（4）本工程中通风管材统一采用镀锌钢板制作，连接方式为法兰连接，板厚详见《通风与空调工程施工质量验收规范》（GB 50243—2016）。

【解读】

排风扇无须施工方提供及安装，但应预装止回阀或采用防回流成品风道。

通风系统安装通用要求，图中不体现，施工应做到。

第5小时　防排烟系统设计

（1）本工程主要依靠自然排烟条件排烟（土建满足开窗面积要求）。

（2）本工程中除满足自然排烟条件要求的防烟楼梯间和前室或合用前室外，对不满足自然排烟条件的防烟楼梯间、防烟楼梯间前室、消防电梯前室或合用前室均采取了正压送风的措施，正压送风量按《建筑设计防火规范》（GB 50016—2014）进行计算和设置。设置正压送风系统的部位详见正压送风原理图。不具备自然排烟条件的消防合用前室每层设电动多叶送风口一个，同时设有压力传感器一个；不具备自然排烟条件的防烟楼梯间地上部分的剪刀楼梯间分别设有加压送风系统，送风口采用自垂百叶风口，同时在7层楼梯间内设有压力传感器一个；正压送风机设在屋顶，平时关闭。火灾发生时，应能启动风机向楼梯间、合用前室送风（在风机处和消防控制室内均设启动按钮）。同时设于前室（或楼梯间）的压力传感器将前室的压力信号传至正压送风机出口旁通管上的电动调节阀上，电动调节阀根据前室超压情况自动调节旁通阀门开度，以维持前室的正压需求。

【解读】

此说明阐述了正压送风的控制，以及各部位安装什么样的附件。施工队未仔细读说明，采购错风口类型的事时有发生，应多注意。

第6小时　消防自动控制

消防值班人员接到火灾报警信号后，经核实，发出如下指令：

（1）开启防烟楼梯间加压送风系统。

（2）开启合用前室加压送风系统及着火层及其上、下一层的加压送风口。

（3）火灾区域烟感探头或消防控制室直接控制打开火灾发生处附近的电动多叶排烟口，任一多叶排烟口打开，同时连锁启动相应的排烟风机，当风管内排烟温度达到280℃时，排烟防火阀自动关闭，同时连锁关闭相应的排烟风机。

（4）火灾发生时关闭本楼内所有与消防无关的通风空调设备。

【解读】

消防控制室内严禁存放易燃易爆危险物品和堆放与设备运行无关的物品或杂物，严禁与消防控制室无关的电气线路和管道穿过。

第7小时　节能设计

（1）本工程采用集中供暖，各单体设有单独计量系统，同时采用分户热计量装置达到有效节能的目的。

（2）散热器处设有恒温控制阀，有效调控室内温度以达到节能的目的。

（3）对于有较大热量损失的地方，管道设有保温有利于节能。

【解读】

在我国北方严寒地区的建筑物中都设置有采暖系统，做好建筑物的室内采暖工作的节能工作是确保建筑物节能目标实现的一个重要方向。同时，建筑物的采暖一直以来都是建筑物的耗能“大户”，因此在建筑节能设计的过程中将采暖系统的节能设计工作作为一项重点是一个合理有效的途径。在设计的过程中主要从以下几个方向进行：其一，对采暖管网进行合理的规划，尽量通过缩短室外管道程度的方式来减少热量的损失，同时利用管道强化保温的方式来提供供热管网的整体热效率输送；其二，在建筑设计的过程中要优先对采暖设备进行设计，同时通过对采暖供热系统的合理设计、运行管理等方式来提高供热效率；其三，对采暖反思进行优化，优先利用集中供热的方式，最大限度地降低对燃料或者是电能的消耗；其四，对当前的采暖与供热收费制度进行改革，逐步施行根据热量供应计费的方式进行计量。

第8小时　其　　他

（1）采暖系统安装时参照《建筑给水排水及采暖工程施工质量验收规范》（GB 50242—2002）及《热水集中采暖分户热计量系统施工安装》04K502相应部分执行。

（2）在土建施工过程中，设备专业安装人员应与土建施工人员密切配合，保证土建预留孔洞及套管的准确性和可实施性。

（3）图中所注尺寸除标高以米计外其余均以毫米计。

（4）住宅部分的起居室和卧室按风冷分体空调预留电量。

（5）本工程住宅空调冷凝水采取有组织排放，详见建筑专业图纸。

（6）环保。通风设备均采用低噪声设备，并设减振垫、弹性吊架等减振装置。空调机、通风机进出口风管均设软接头、消声器。通风机房门、墙、楼板均作隔声、吸声处理，具体降噪措施由土建专业考虑。通风管道上的消声器应当由专业厂家进行设计制造，并使噪声排放达到国家相关标准。仅在消防时使用的通风系统可不考虑消声措施。

（7）未尽事宜请参照《建筑给排水及采暖工程施工质量验收规范》（GB 50242—2002）及《通风与空调工程施工质量验收规范》（GB 50243—2016）相关规定执行。

（8）通风设备见表4-1。

表4-1　通风主要设备表

序号	设备编号	服务区域	参考型号	名称	风量（m^3/h）	全压（Pa）	电机功率（kW）	电源（V）	重量（kg）	壳体噪声［dB（A）］	数量（台）	应急电源	减振方式	备注
1	SF2	消防泵房	CDZ2.5T	超低噪声轴流风机	1500	200	0.2	380	16	56	1	否	减振吊架	平时送风
2	SF3	生活泵房	CDZ2.5T	超低噪声轴流风机	1500	200	0.2	380	16	56	1	否	减振吊架	平时送风

续表

序号	设备编号	服务区域	参考型号	名称	风量（m^3/h）	全压（Pa）	电机功率（kW）	电源（V）	重量（kg）	壳体噪声［dB（A）］	数量（台）	应急电源	减振方式	备注
3	PF5	生活泵房	CDZ2. 5T	超低噪声轴流风机	1900	200	0. 2	380	16	56	1	否	减振吊架	平时送风
4	PF6	消防泵房	CDZ2. 5T	超低噪声轴流风机	1500	200	0. 2	380	16	56	1	否	减振吊架	平时送风
5	PY2	消防泵房内走道	GYF. 4. 5-I	排烟风机	7200	600	2. 2	380	60	73	1	是	减振吊架	消防排烟
6	SF4	消防泵房内走道	CDZ3. 15T	超低噪声轴流风机	3600	300	0. 6	380	29	63	1	是	减振吊架	内走道排烟补风与PY2连锁
7	ZS2	地上剪刀梯	SWF-Ⅰ-№6. 5	混流风机	23 044	832	7. 5	380	205	82	2	是	减振支座	
8	ZS3	合用前室	SWF-Ⅰ-№6. 5	混流风机	21 864	1038	7. 5	380	205	82	1	是	减振支座	

【解读】

构筑物预留孔洞定位尺寸及标高标注必须与配套建筑、结构专业一致，必须提出预埋管件要求。通常建筑中如果有电驱设备需在施工中安装，会给出设备表，如水泵、风机等。采购时应按设备表中性能参数要求购买，并与厂家核实安装所需基础、吊架等要求，知会土建施工方完成预留预埋，方便我们安装。

第5天

住宅楼工程暖通施工图识读详解

第1～2小时 详解住宅楼工程地下一层暖通平面图

住宅楼工程地下一层暖通平面图，如图5-1所示。

第3小时 详解住宅楼工程设备夹层暖通平面图

住宅楼工程设备夹层暖通平面图，如图5-2所示。

第4小时 详解住宅楼工程一层暖通平面图

住宅楼工程一层暖通平面图，如图5-3所示。

第5小时 详解住宅楼工程二层暖通平面图

住宅楼工程二层暖通平面图，如图5-4所示。

第6小时 详解住宅楼工程标准层暖通平面图

住宅楼工程标准层暖通平面图，如图5-5所示。

第7小时 详解住宅楼工程屋顶通风平面图

住宅楼工程屋顶通风平面图，如图5-6所示。

第8小时 详解住宅楼工程正压送风原理图及住宅部分采暖立管图

住宅楼工程正压送风原理图及住宅部分采暖立管图，如图5-7所示。

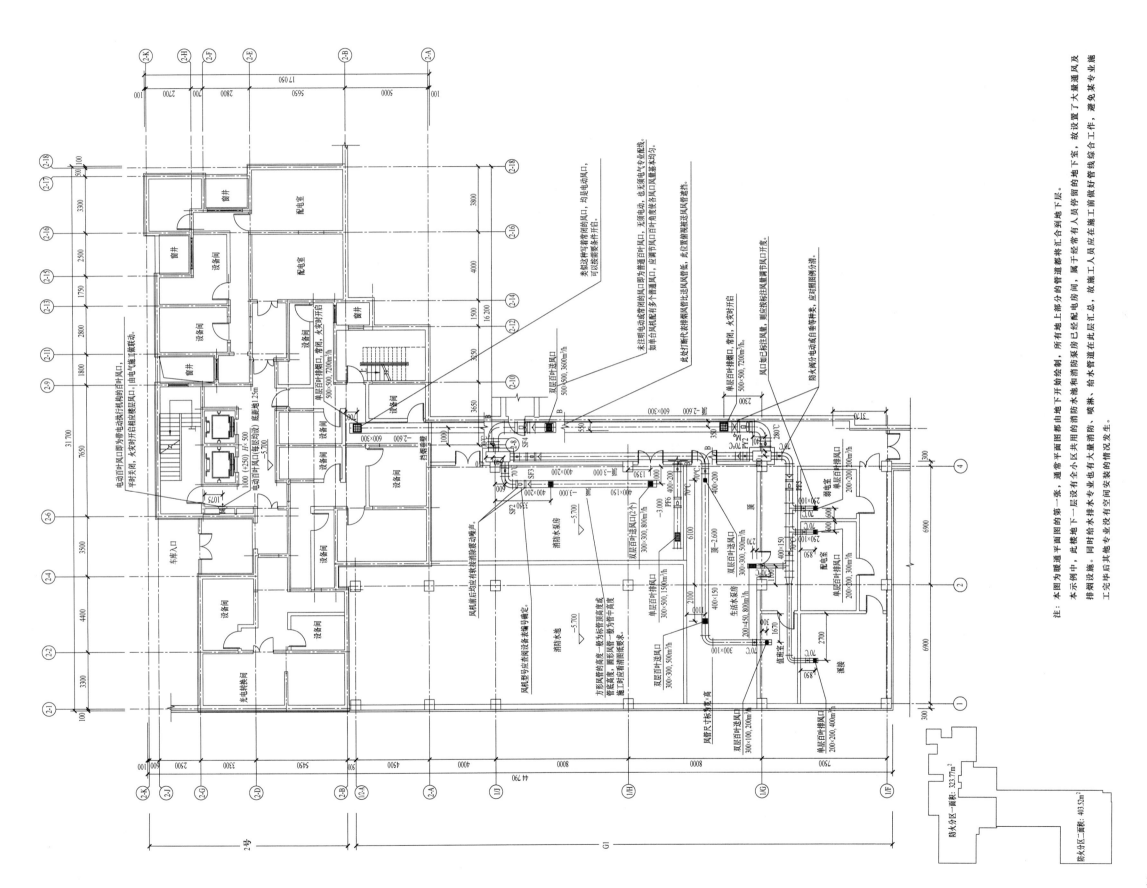

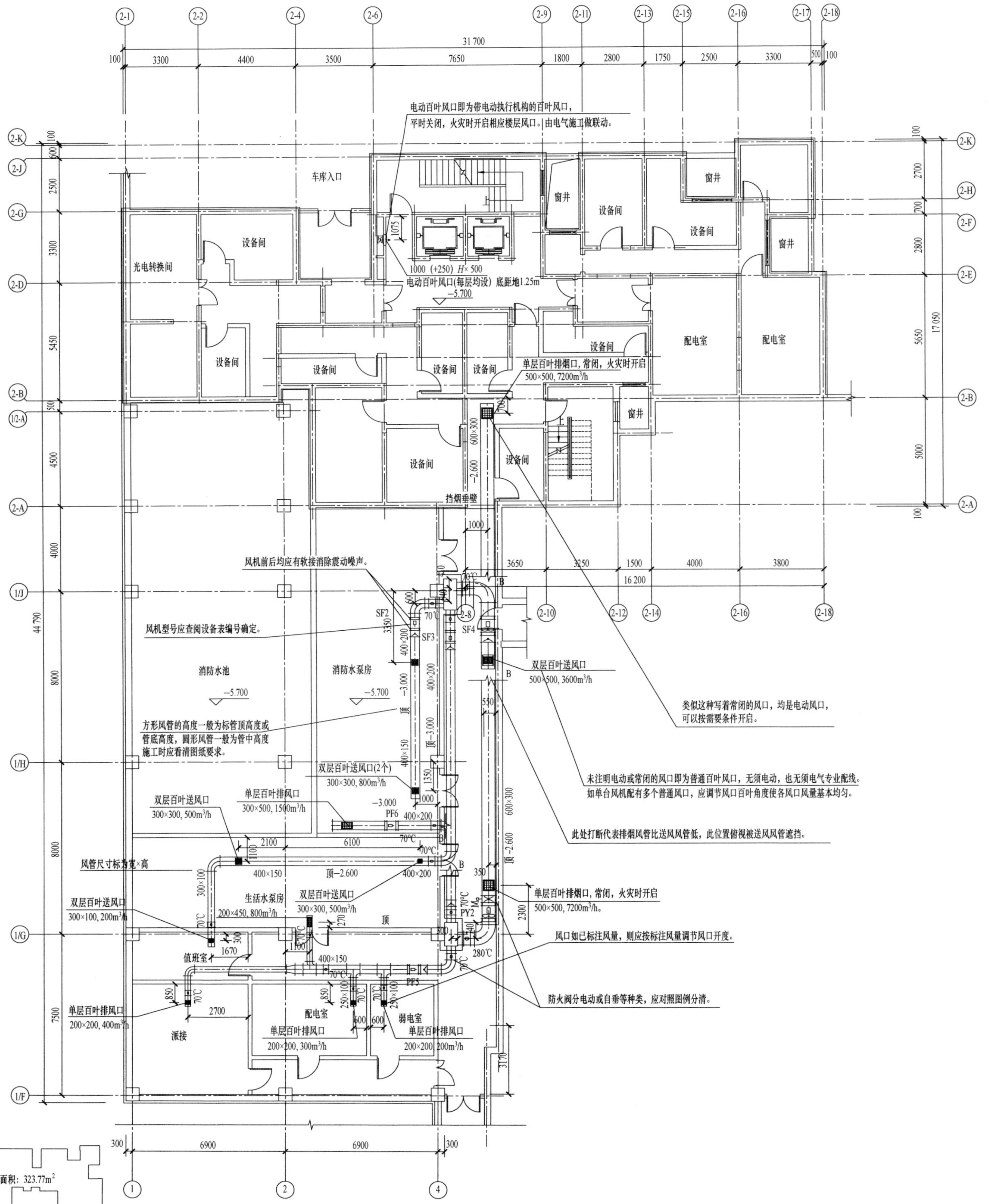

电动百叶风口即为带电动执行机构的百叶风口，
平时关闭，火灾时开启相应楼层风口。由电气施工做联动。
车库入口
窗井
设备间
光电转换间
1000（+250）H×500
电动百叶风口(每层均设) 底距地1.25m
配电室
单层百叶排烟口，常闭，火灾时开启
500×500，7200m³/h
挡烟垂壁
风机前后均应有软接消除震动噪声。
风机型号应查阅设备表编号确定。
消防水池
消防水泵房
双层百叶送风口
500×500，3600m³/h
类似这种写着常闭的风口，均是电动风口，
可以按需要条件开启。
方形风管的高度一般为标管顶高度或
管底高度，圆形风管一般为管中高度
施工时应看清图纸要求。
双层百叶送风口(2个)
300×300，800m³/h
未注明电动或常闭的风口即为普通百叶风口，无须电动，也无须电气专业配线。
如单台风机配有多个普通风口，应调节风口百叶角度使各风口风量基本均匀。
双层百叶送风口
300×300，500m³/h
单层百叶排风口
300×500，1500m³/h
此处打断代表排烟风管比送风风管低，此位置俯视被送风风管遮挡。
风管尺寸标为宽×高
生活水泵房
200×450，800m³/h
单层百叶排烟口，常闭，火灾时开启
500×500，7200m³/h
双层百叶送风口
300×100，200m³/h
风口如已标注风量，则应按标注风量调节风口开度。
值班室
防火阀分电动或自垂等种类，应对照图例分清。
单层百叶排风口
200×200，400m³/h
泵接
弱电室
200×200，300m³/h

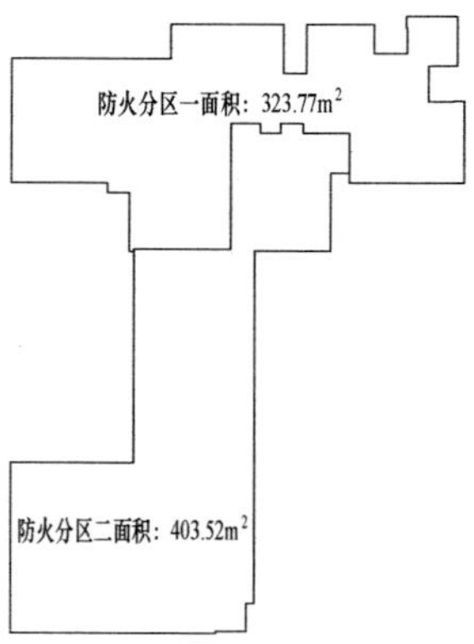

防火分区一面积：323.77m²
防火分区二面积：403.52m²

注：本图为暖通平面图的第一张，通常平面图都由地下开始绘制，所有地上部分的管道都将汇合到地下层。

本示例中，此楼地下一层设有全小区共用的消防水池和消防泵房已经配电房间，属于经常有人员停留的地下室，故设置了大量通风及排烟设施。同时给水排水专业也有大量消防、喷淋、给水管道在此层汇总，故施工人员应在施工前做好管线综合工作，避免某专业施工完毕后其他专业没有空间安装的情况发生。

图 5-1　地下一层暖通平面图

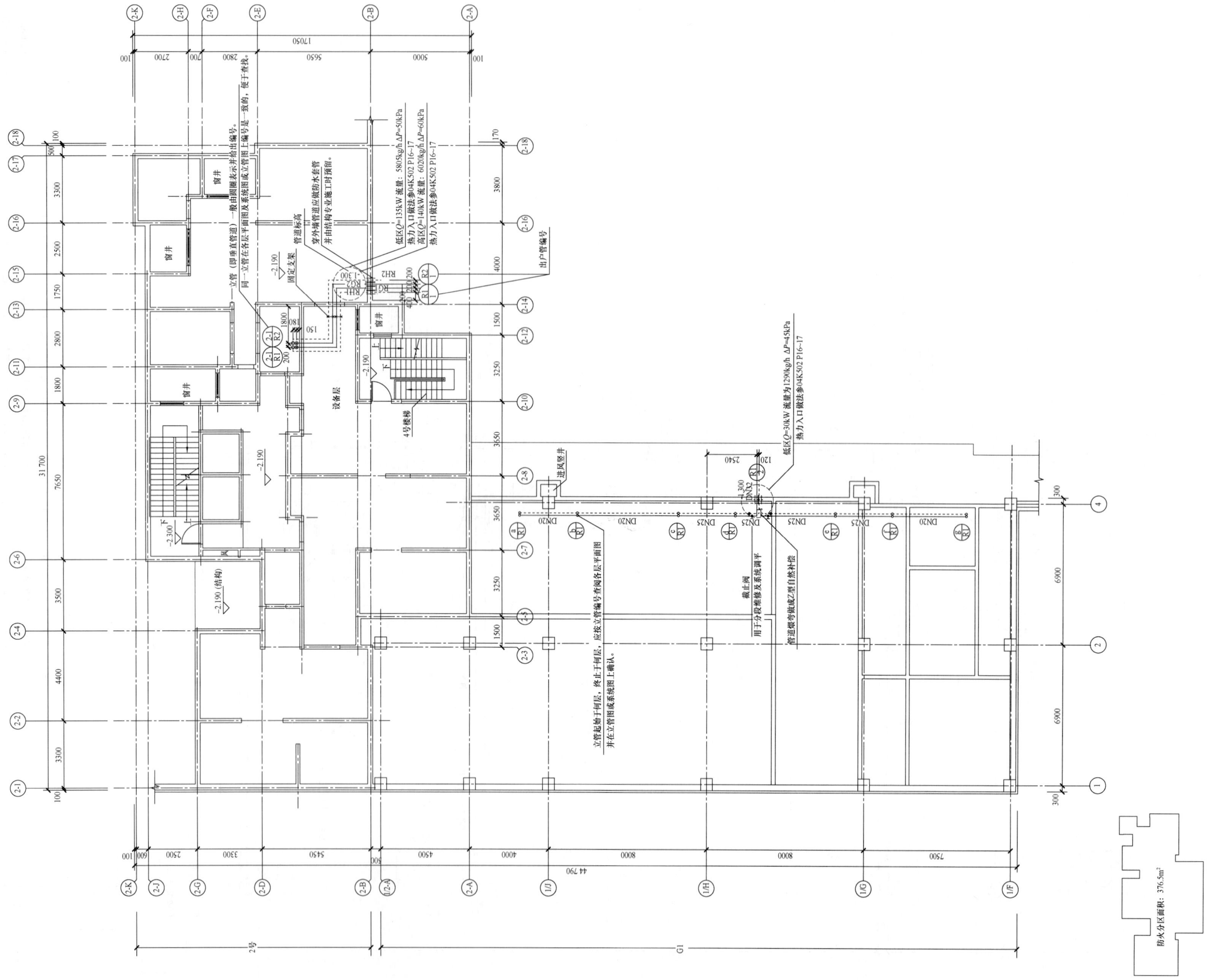

图 5-2　设备夹层暖通平面图

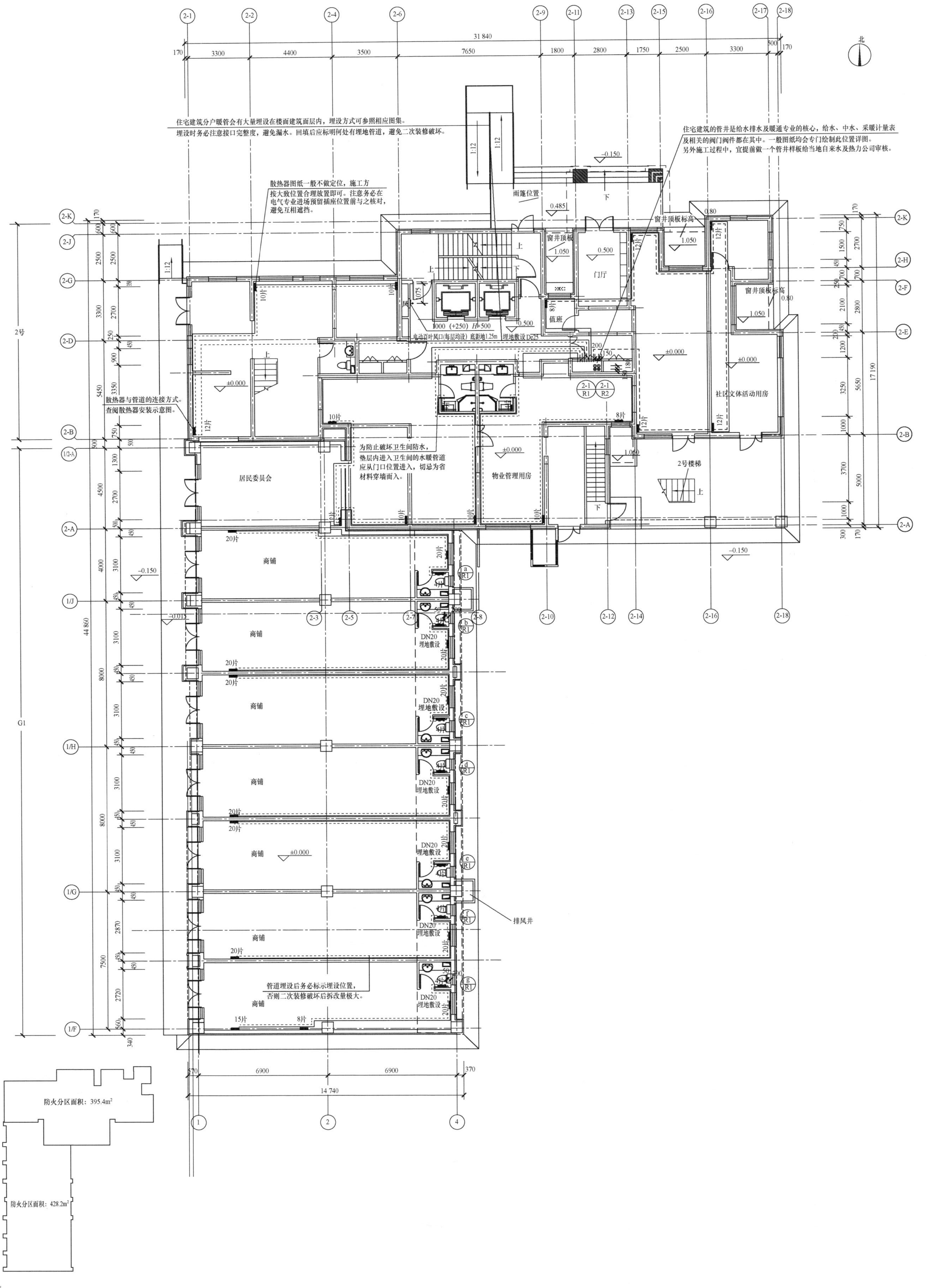
住宅建筑分户暖管会有大量埋设在楼面建筑面层内，埋设方式可参照相应图集。
埋设时务必注意接口完整度，避免漏水。回填后应标明何处有埋地管道，避免二次装修破坏。
住宅建筑的管井是给水排水及暖通专业的核心，给水、中水、采暖计量表及相关的阀门阀件都在其中。一般图纸均会专门绘制此位置详图。
另外施工过程中，宜提前做一个管井样板给当地自来水及热力公司审核。
散热器图纸一般不做定位，施工方按大致位置合理放置即可。注意务必在电气专业进场预留插座位置前与之核对，避免互相遮挡。
散热器与管道的连接方式，查阅散热器安装示意图。
为防止破坏卫生间防水，垫层内进入卫生间的水暖管道应从门口位置进入，切忌为省材料穿墙而入。
管道埋设后务必标示埋设位置，否则二次装修破坏后拆改量极大。
雨篷位置
窗井顶板标高
门厅
值班
社区文体活动用房
2号楼梯
物业管理用房
居民委员会
商铺
DN20 埋地敷设
排风井
防火分区面积：395.4m²
防火分区面积：428.2m²

图 5-3　一层暖通平面图

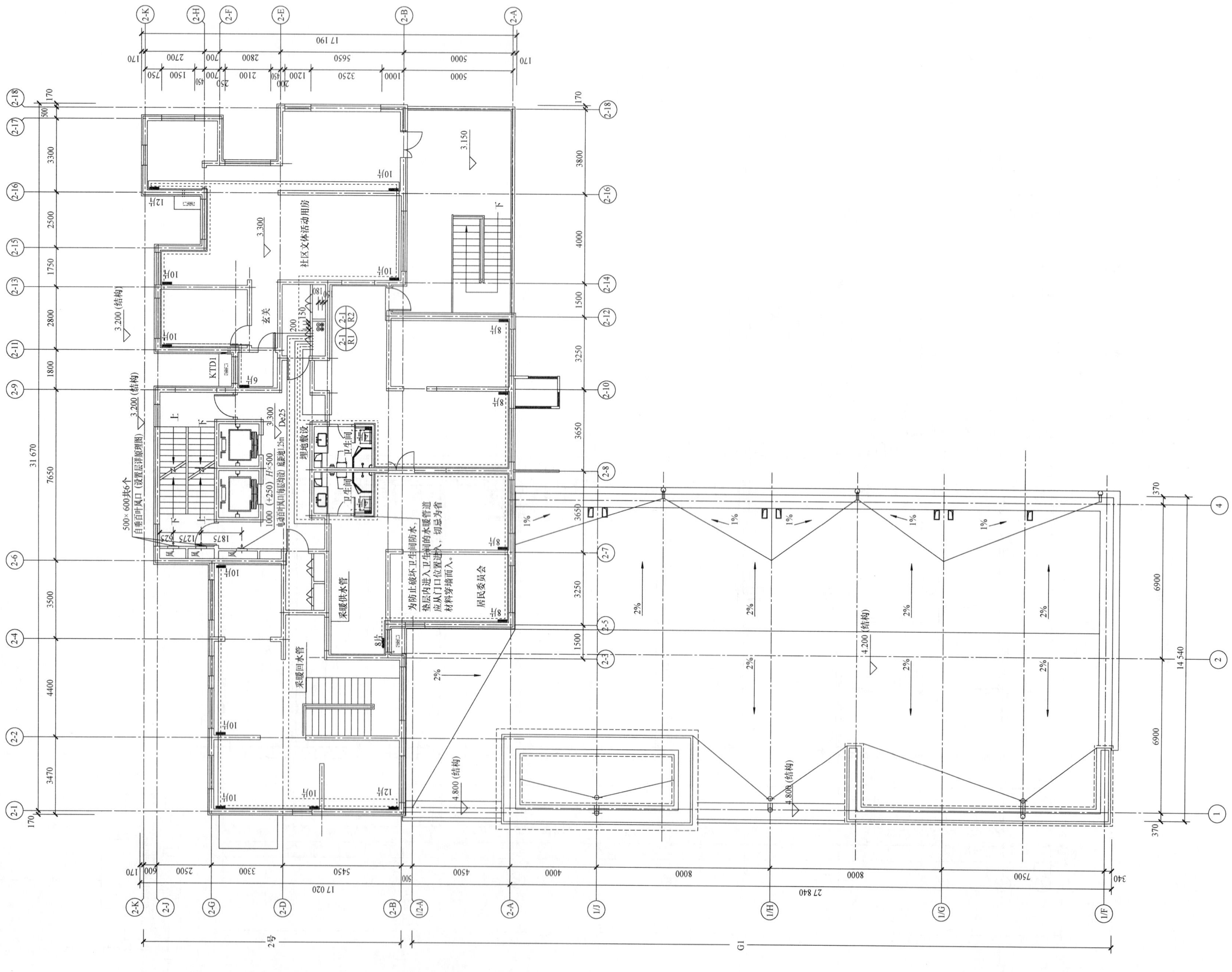
社区文体活动用房
玄关
卫生间
居民委员会
采暖供水管
采暖回水管
埋地敷设
为防止破坏卫生间防水，垫层内进入卫生间的水暖管道应从门口位置进入，切忌为省材料穿墙而入。
500×600共6个
自垂百叶风口（设置层详原理图）
2号
G1

图 5-4 二层暖通平面图

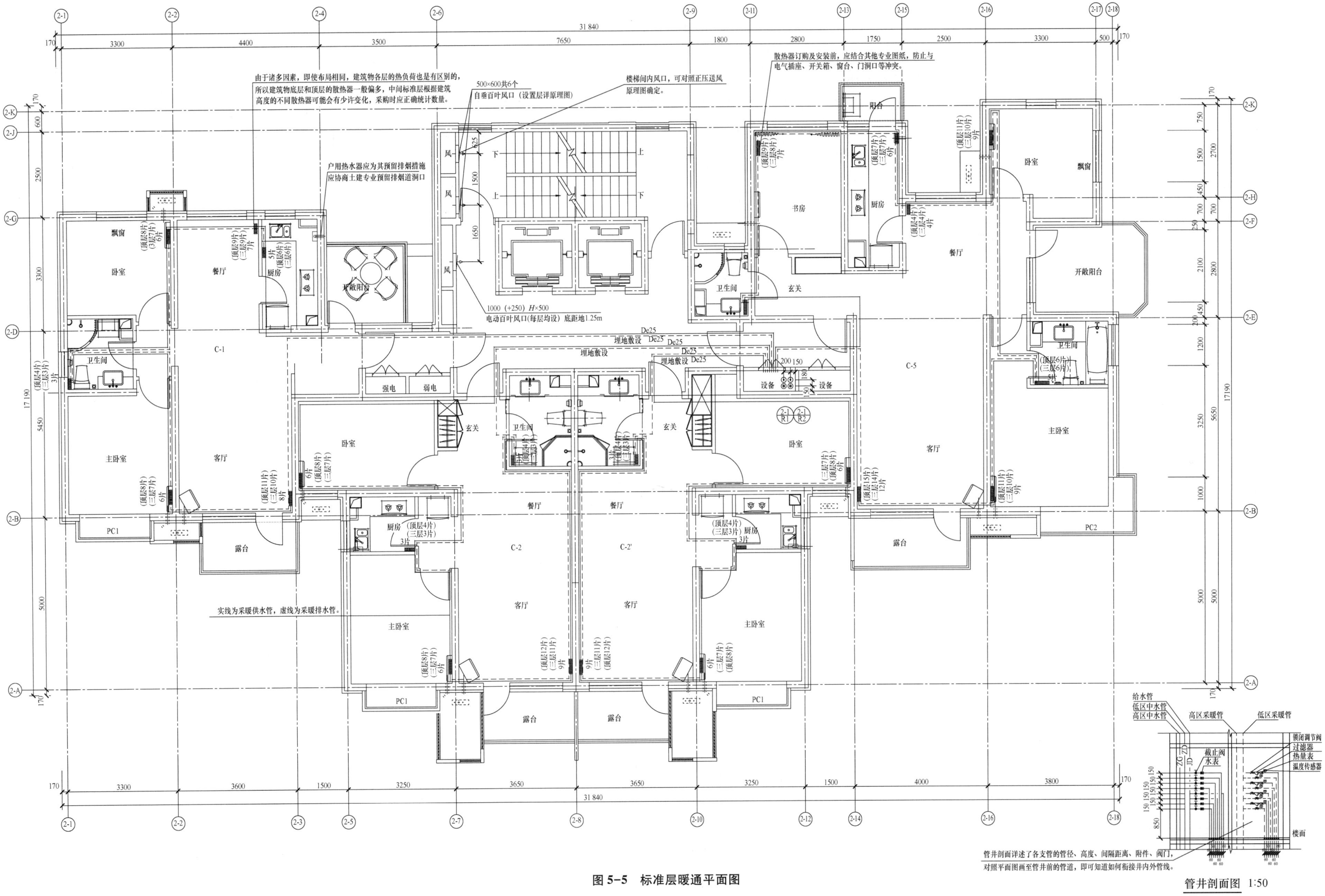
由于诸多因素，即使布局相同，建筑物各层的热负荷也是有区别的，所以建筑物底层和顶层的散热器一般偏多，中间标准层根据建筑高度的不同散热器可能会有少许变化，采购时应正确统计数量。
500×600共6个
自垂百叶风口（设置层详原理图）
楼梯间内风口，可对照正压送风原理图确定。
散热器订购及安装前，应结合其他专业图纸，防止与电气插座、开关箱、窗台、门洞口等冲突。
户用热水器应为其预留排烟措施
应协商土建专业预留排烟道洞口
1000（+250）H×500
电动百叶风口（每层均设）底距地1.25m
实线为采暖供水管，虚线为采暖排水管。
管井剖面详述了各支管的管径、高度、间隔距离、附件、阀门，对照平面图画至管井前的管道，即可知道如何衔接井内外管线。
给水管
低区中水管
高区中水管
高区采暖管
低区采暖管
锁闭调节阀
过滤器
热量表
温度传感器
截止阀
水表
楼面
管井剖面图 1:50

图 5–5　标准层暖通平面图

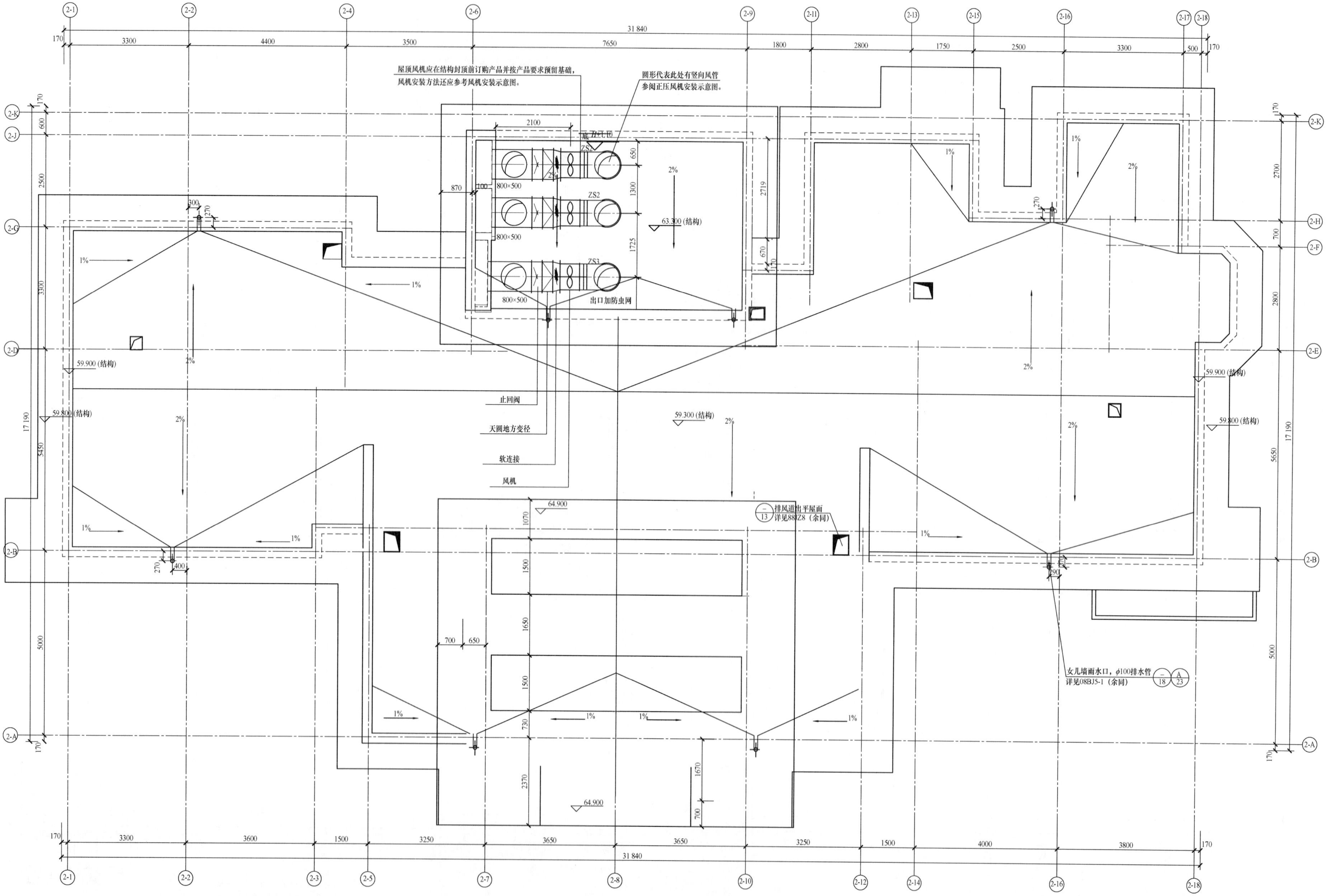
屋顶风机应在结构封顶前订购产品并按产品要求预留基础，
风机安装方法还应参考风机安装示意图。
圆形代表此处有竖向风管
参阅正压风机安装示意图。
ZS1
ZS2
ZS3
800×500
出口加防虫网
止回阀
天圆地方变径
软连接
风机
63.300 (结构)
59.900 (结构)
59.800 (结构)
59.300 (结构)
64.900
排风道出平屋面
详见88JZ8（余同）
女儿墙雨水口，ϕ100排水管
详见08BJ5-1（余同）
31 840
17 190

图 5-6 屋顶通风平面图

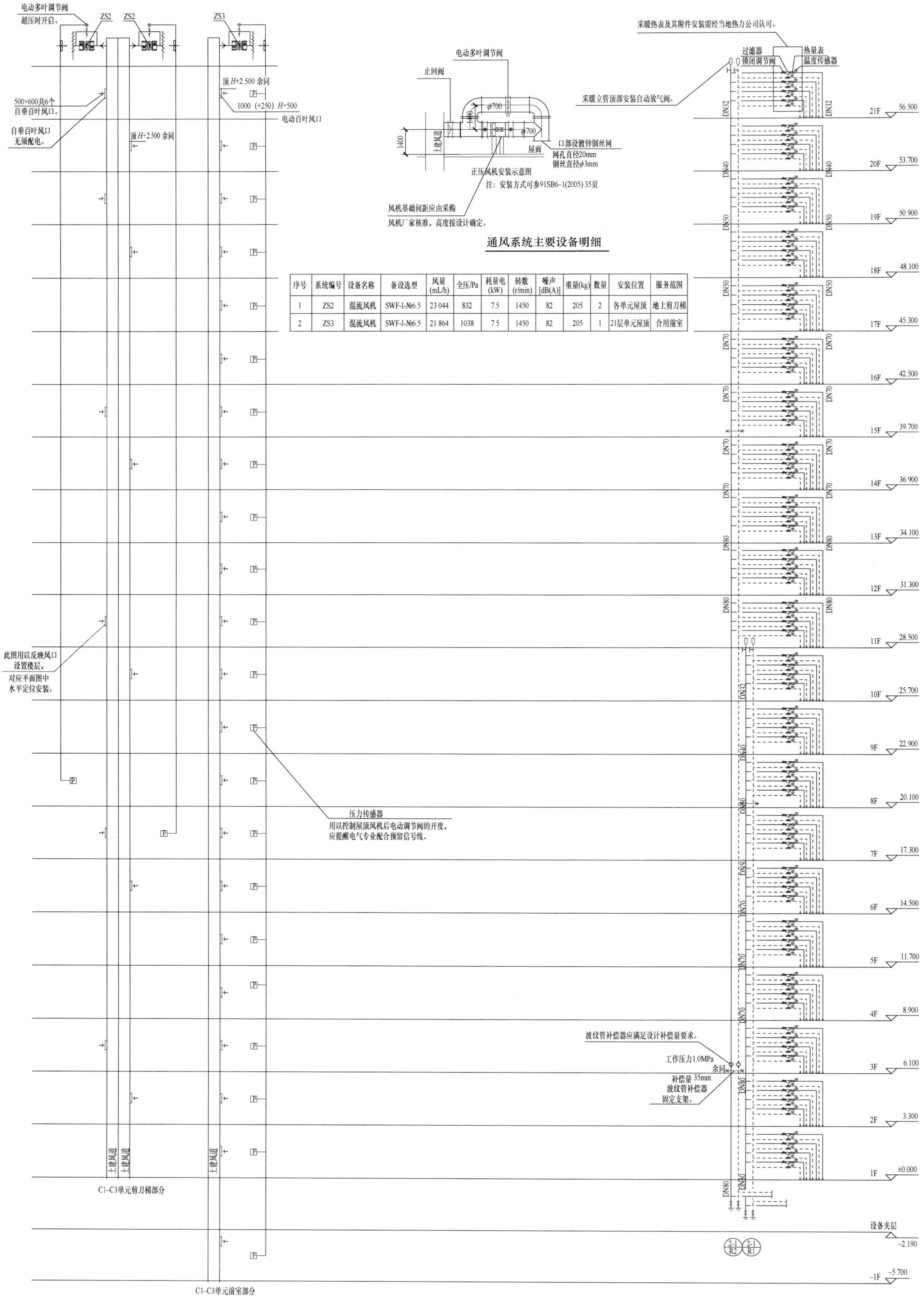

通风系统主要设备明细

序号	系统编号	设备名称	备设选型	风量 (mL/h)	全压/Pa	耗量电 (kW)	转数 (r/min)	噪声 [dB(A)]	重量(kg)	数量	安装位置	服务范围
1	ZS2	混流风机	SWF-I-№6.5	23 044	832	7.5	1450	82	205	2	各单元屋顶	地上剪刀梯
2	ZS3	混流风机	SWF-I-№6.5	21 864	1038	7.5	1450	82	205	1	21层单元屋顶	合用前室

图 5-7 正压送风原理图及住宅部分采暖立管图

第6天

住宅楼工程电气施工图设计总说明

第1小时　设计依据及工程概况

（1）设计依据。

1）《民用建筑电气设计规范》（JGJ 16—2008）。

2）《住宅设计规范》（GB 50096—2011）。

3）《住宅建筑规范》（GB 50368—2005）。

4）《建筑照明设计标准》（GB 50034—2013）。

5）《低压配电设计规范》（GB 50054—2011）。

6）《供配电系统设计规范》（GB 50052—2009）。

7）《建筑物防雷设计规范》（GB 50057—2010）。

8）《火灾自动报警系统设计规范》（GB 50116—2013）。

9）《建筑设计防火规范》（GB 50016—2014）。

10）《北京市住宅区与住宅楼房电信设施设计技术规定》（DBJ 01—601—99）。

11）《北京市住宅区与住宅建筑有线广播电视设施设计规定》（DBJ 01—606—2000）。

12）《北京市住宅区与住宅安全防范设计标准》（DBJ 01—608—2002）。

13）《关于住宅电气设计标准的补充通知》。

14）《关于城镇住宅电气设计实施一户一表的通知》。

15）其他有关国家及地方的现行规程/规范。

16）甲方提供的设计任务书。

17）其他专业提供的设计要求及有关资料。

【解读】

设计依据是非常重要的部分，设计依据是保证图纸质量和正确性的唯一标准，所有设计内容必须依照所需要的规范进行设计，列明所用设计规范依据也可以帮助读图人员对照标准理解设计内容。

（2）工程概况。

1）性质：某小区住宅楼。

2）位置：本工程用地位于北京市××地块。

3）总用地面积：232 483m^2，总建筑面积：300 535m^2。

4）建筑层数、高度：

建筑高度为44m（14F）；层高为：地下一层4.8m，一层4.5m，二层4.2m，标准层2.8m。

地下一层、地上一~二层为商业，三~十四层全为住宅。

塔式住宅建筑单元形式为E户型一种单元。

本套图纸适用于4号地块、13号楼、14号楼，此两栋楼以S-5轴及S-6轴之间的变形缝为分界线。

此楼为A户型单元形式（地下一层，地上十四层）。

单栋楼建筑面积为：13号楼9142.92m^2，14号楼9647.03m^2。

地上：13号楼8221.11m^2，14号楼8562.62m^2。

地下：13号楼921.81m^2，14号楼1084.41m^2。

商业：13号楼2621m^2，其中地上1699.19m^2，地下921.81m^2。14号楼3125.11m^2，其中地上2040.7m^2，地下1084.41m^2。

住宅：13号楼6521.92m^2，14号楼6521.92m^2。

5）本工程耐火等级二级（地下室耐火等级一级），抗震烈度8度，设计使用年限50年。

6）本工程设计高度±0.000相当于绝对标高数值详见施工图总平面图。

各层标高为完成面标高，屋面标高为结构面标高。

本工程标高以米（m）为单位，尺寸以毫米（mm）为单位。

7）结构类型：剪力墙结构。

【解读】

这里是对工程建筑结构条件做一个概述，从工程概况中，就可以了解适用何种规范，负荷等级的确定，防雷接地要求等。

第2小时　设　计　范　围

本工程设计范围包括380/220V供配电系统；照明系统；电力系统；网络、电话系统图；电视系统；访客对讲系统；火灾自动报警及消防联动系统；火灾漏电报警系统；强弱电的保护接地及等电位联结等。

【解读】

设计范围简单地叙述了本施工图中所包括的设计范围和内容。

第3小时　供配电系统

（1）本工程为高层住宅。住宅部分电梯、加压风机、潜污泵、应急照明用电负荷等级为二级，其他电力负荷及照明为三级。

（2）本工程住宅用电从小区变电所引来三路220/380V电源（二光一力），进线电缆从建筑物一侧引入，经兀接室到配电间光力柜。分别供给本楼住宅部分的动力负荷和照明负荷用电，照明负荷电源同时作为动力负荷的备用电源使用，能承担本工程的全部负荷；住宅配电柜采用BGM和BGL型，电缆上进上出进出线方式。

（3）本工程采用放射式与树干式相结合的供电方式：动力负荷采用放射式供电，住宅用电采用树干式供电。加压风机、潜污泵及应急照明等二级用电负荷采用双电源供电。加压风机消防用电设备及应急照明的配电线路应满足火灾时连续供电的需要。当暗敷设时，应穿管并应敷设在不燃烧体结构内且保护层厚度不应小于30mm；明敷时，应穿有防火保护的金属管或有防火保护的封闭式金属线槽。住宅照明干线选用阻燃交联电缆，沿地下一层和电气竖井内电缆线槽敷设至各层表箱。

（4）住宅采用一户一表，表箱集中装于各层电气竖井，采用磁卡表预付费方式。配套动力及公共照明均分别设总计量。

（5）本工程电源分界点为地下层兀接室。电源进入兀接室的位置及过墙套管由本设计提供。

（6）本工程电源系统接地形式采用TN-C-S形式，电源做法参见92DQ5-4。

（7）本工程商业部分为高基供电，楼内不设置10kV变配电室，只设置低压配电室。工程全部采用220/380V三相四线制低压供电。由本建筑物外箱式变配电所引来三路低压电源供给全部负荷，排污泵、送排烟风机、应急照明、主要通道及楼梯间照明用电负荷等级为二级，其他电力负荷及照明为三级。

（8）商业部分电源电缆埋地引到地下一层配电间低压配电柜，低压电源进线处做重复接地。接地后PE线与N线绝缘分开。由总配电柜对各配电箱采用放射式或分区树干式进行配电，电源系统接地形式采用TN-C-S形式。电源进线做法见92DQ5-4。

（9）换热站部分电源电缆埋地引到换热站低压配电箱，低压电源进线处做重复接地。接地后PE线与N线绝缘分开。

【解读】

这个部分是电气施工图的核心部分之一，这部分说明将工程负荷等级，各用电设备负荷等级，供电电源，供电方式，计量方式等内容做了详细的叙述，仔细地阅读这部分说明可以对工程的强电部分有个清晰的了解。

第4小时　电气照明系统

（1）住户用电由表箱配至每户户箱，每层每户采用单相供电，每户用电负荷按4kW设计，进户线截面为10mm^2。

（2）住宅楼梯间、电梯前室设应急照明，采用声光控开关控制（火灾时由消防控制室强启）。

（3）商业部分公共走道、楼梯间、楼电梯前室设应急照明，公共走道应急照明集中控制，楼梯间、电梯前室照明灯采用声光控开关控制。商业部分普通照明仅预留配电箱，具体灯具布置由二次装修设计。室内照明高效灯具和高光效光源。所有日光灯需采用带电子镇流器的节能灯，其功率因数值不低于0.9。镇流器应符合该产品国家能效标准。节能计算详见节能计算表。

（4）设备选型及安装：地下室及竖井内照明配电箱均底边距地1.4m明装；住户内照明配电箱墙上暗装底边距地1.8m，其中照明支路、普通插座支路、空调支路和厨房、卫生间插座支路分开，插座支路均采用漏电开关（壁挂空调插座除外），漏电开关动作电流30mA，动作时间0.1s；一般插座采用10A安全型单相五孔插座，空调插座采用16A扁圆两用三孔插座；灯具开关选用10A250V跷板开关，住户内预留灯位；卫生间内开关、插座选用防潮、防溅型面板；有淋浴、浴缸的卫生间内开关、插座须设在2区以外；住户内普通插座和照明支路均选用BV-3×2.5mm^{2}导线，穿SC20管。

（5）应急照明采用自带蓄电池灯具，其连续供电时间不小于30min，公共照明电源箱住宅部分设在地下一层电气竖井内。

（6）所有照明设备（包括灯具、开关、插座等）的具体安装方式参见图例。

【解读】

第4～8小时内容，对施工图其余设计内容做出描述和要求，将施工时需要注意的条目进行叙述，说明的内容基本可以涵盖至所有类似的建筑单体工程中，这部分的解析我们在施工图纸解读部分详细说明。

第5小时　导线选择及敷设

（1）室外电源进线由上一级配电开关确定，本设计只预留进线套管。

（2）消防动力配电干线选用NH-YJV-1kV聚氯乙烯绝缘、聚氯乙烯护套铜芯耐火电力电缆；应急照明干线选用NH-YJV-450/750V交联聚氯乙烯绝缘铜芯耐热电力电缆。

（3）消防动力支线选用NH-YJV-450/750V交联聚氯乙烯绝缘铜芯耐火电力电缆。应急照明支线选用NH-BV-450/750V聚氯乙烯绝缘铜芯耐热导线；照明支线选用BV-450/750V聚氯乙烯绝缘铜芯导线。所有支线均由SC钢管沿墙及楼板暗敷。

（4）消防用电设备的配电线路当采用暗设时，应敷设在不燃烧体结构内，且保护层厚度不宜小于30mm；沿金属线槽明敷设时应采用密闭金属线槽，并做防火处理。

第6小时　防雷与接地

（1）本工程为高层住宅，按第三类防雷建筑物设计，屋顶采用ϕ10镀锌圆钢作避雷带，外墙金属护栏可做接闪器，其各部件之间连成电气通路，在屋面做不大于20m×20m或24m×16m的网格，并与屋顶上所有突出屋面的金属构件相连接；金属护栏作为接闪器时，其壁厚不小于2.5mm。在屋面接闪器保护范围之外的非金属物体应安装接闪器，并与屋面防雷装置连接。利用柱内主筋及剪力墙内钢筋（钢筋不小于ϕ16时用两根，钢筋不小于ϕ10时用四根）作引下线，上端与避雷网焊接，下端利用基础钢筋做接地装置，钢筋网焊接成环，接地电阻不大于1.0Ω。若接地电阻不满足要求，接地需补打接地体，详细做法见92DQ13。

（2）本工程采用TN-C-S系统，电源入口处做重复接地，重复接地后PE、N线应严格分开。采用联合接地，防雷接地、电气设备保护接地、弱电设备的保护接地共用接地体，并进行总等电位联结。总等电位箱设于配电间，所有进出建筑物的金属管道做可靠联结。竖直敷设的金属管道及金属物的顶端和底端与防雷装置连接。所有正常非带电设备外壳和导体均应可靠接地。电梯机房做局部等电位联结，采用40×4mm镀锌扁钢或电梯轨道接至接地干线。电气竖井地下层及顶层需做局部等电位联结，配电箱、弱电箱外壳及线槽须均与等电位端子板联结。住宅卫生间内均做局部等电位联结，做法见标准图集《等电位联结安装》02D501。

（3）凡进出建筑物的强、弱电线路及重要的机房供电电源，均要设置过电压保护器。不间断电源输出端的中性线（N 极）必须与由接地装置直接引来的接地干线相连接，做重复接地。接地型式详见标准图集 04D202-3。

第 7 小时　弱　电　系　统

（1）综合布线系统。

1）本工程计算机和电话采用非屏蔽综合布线系统，水平选用六类电缆，穿钢管暗敷。计算机垂直干线采用四对数六类线，电话垂直干线选择三类 25 对数电缆。进楼总配线柜设在地下一层弱电间内，配线箱（柜）选用 19 号标准箱（柜）体。

2）每单元每层设一过线箱，每户采用 2 对电话、一个网络进线，引入智能家居配线箱。插座采用六类底边距地 0.3m 暗装。

3）各单元竖向穿管参见弱电系统图。

4）商业部分在商业弱电间内预留配线架，具体出线点位待二次装修设计。

（2）电视系统。

1）有线电视信号和卫星天线接收卫星信号的引入见室外综合管网图。

2）电视进线箱设置在地下一层弱电间内，放大器箱及层分配分支器箱均在竖井内明装。

3）电视系统干线采用 SYWV-75-7，竖向干线金属线槽内敷设。户内分配器装于智能家居配线箱 HC 内，电视支线用 SYWV-75-5 穿 SC20。电视插座暗装距地 0.3m，用户终端插座应具有接收 FM/TV 功能。

4）商业部分在商业弱电间内预留分配器箱，具体出线点位待二次装修设计。

（3）访客对讲系统。

1）本工程采用总线制多功能访客对讲系统。

2）本楼设独立的非可视访客对讲系统，工作状态及报警信号送到小区管理中心。首层和地下一层单元入口设门口机，嵌墙或门扇内安装，底边距地 1.4m；对讲分机挂墙安装在住户门厅内，距地 1.4m；层控器竖井内明装，底边距地 1.4m。

（4）智能家居布线系统。

1）智能家居布线系统由三个部分组成，即一个配线箱 HC、线缆和每个房间的信息插座等。

2）配线箱 HC 采用模块化设计，可以支持电话、计算机、电视等。箱内设备由 RJ45 系列配线架、视频模块等组成。安装于住户入户门附近底边距地 0.3m。

3）住宅每户设置一个配线箱 HC。每户根据需要从弱电箱（包括电视分配箱、网络配线箱）穿钢管引来电视电缆、网络电缆及信号电缆，经配线箱 HC 分别接至用户点。户内各支路均穿 SC20 钢管在楼板和墙内暗敷设。不同系统分别穿管，电话和网络可同穿一根管，但不得多于 2 根六类线缆。

4）智能家居配线箱与室外设备的连接。与综合布线层箱和电视分配层箱之间各预留两根 SC25 钢管；详细管线由弱电承包公司根据所选用的控制系统和设备来确定及深化设计。

5）智能家居配线箱与室内设备的连接。网络、电话线采用 4 对六类线；电视电缆采用 SYWV-75-5。

（5）火灾自动报警及消防联动系统。

1）本栋中高层住宅建筑为二级保护对象，在小区消防控制室设火灾集中自动报警及消防联动控制。在地下一层至二层电井内设消防端子箱，消防信号送至一层消防控制室。

2）在住宅楼梯出口附近设火灾声光报警器，其安装高度为距顶板 0.2m。

3）火灾自动报警系统。在商业部分、住宅公共走道、设备机房设感烟探头，换热站设温感探头，探测器与灯具的水平净距应大于 0.2m。与出风口的净距应大于 1.5m，与墙或其他遮挡物的距离应大于 0.5m。在适当位置设带电话插孔的手动报警按钮。小区消防控制室可接收感烟、感温火灾报警信号、手动报警按钮、消火栓按钮的报警信号。

4）消防联动系统。消火栓、自动喷洒灭火系统：本工程设置消火栓报警按钮，当火灾发生时，可按动消火栓报警按钮，启动消火栓泵，并发出报警信号至消防控制室，同时消火栓泵运行信号反馈至消火栓处；现场火灾探测器发出火灾报警信号以及水流指示器、压力报警开关的动作信号至报警控制器，由消防控制中心确认后自动或手动开启消防水泵。消防水池的最低水位报警信号送至消防控制室，并在联动台上显示。

正压送风系统。当发生火灾时由消防控制室打开本层和相临上下层正压送风口，同时联动正压送风机强制送风，火灾后，由消防中心关闭正压送风口阀门并自动关闭正压送风机。

一般照明及动力电源切断控制系统：本工程部分低压出线回路及配电箱内设有分励脱扣器，可由火灾控制器在火灾确认后断开非消防电源，门禁系统解锁，并自动启动应急照明。

5）消防供电。消防设施用电按二级负荷供电，末端箱双电源自投自复。楼梯间、公共走道等人员密集的公共场所设应急照明，消防风机房等需坚持工作场所紧急情况下仍保持正常照明。应急照明应在紧急状况下强制启动。

6）安装于墙壁上的就地模块顶距顶板 0.2m。由模块至设备（配电箱、消火栓、风口等）的管线为 SC20 钢管和金属耐火波纹管，具体做法参见华北标准图集 92DQ9。

7）消防电话直通系统。风机房内设消防直通电话分机。要求消防电话分机采用红色无拨号电话，话机设有“火警”专用明显标志。话机安装高度距地 1.4m。

8）消防控制室在确认火灾后应能控制电梯停在首层，并接收其反馈信号。消防电梯在首层设消防手动开关。

（6）漏电火灾报警系统。

在配电间光力柜出线处装设漏电监控装置，报警信号引至消防控制中心。当有漏电故障发生时，漏电监控装置只报警不动作。漏电监控前端设备设在消防控制室内，壁装，距地 1.4m。

第 8 小时　其　　他

（1）配电箱、弱电箱尺寸均为参考尺寸，制作时请根据实际做相应调整，其具体定位见建筑和结构图。

（2）对于供电缆贯穿的预留洞，在设备安装完毕后，须用阻燃材料将洞口做密封处理，所有穿越防火分区的电缆桥架，电气施工后都应用阻燃材料做封堵处理。对于供电缆贯穿的预留洞，在设备安装完毕后，须用阻燃材料将洞口做密封处理。

（3）所有引出屋面的电管均应做防水弯头。

（4）弱电系统所有器件、设备均由承包商负责成套供货、安装、调试。系统的设计由承包商负责，设计院负责与其他系统的接口的协调事宜。

（5）本工程所选设备、材料必须具有国家级监测中心的检测合格证书（3C 认证）；需满足与产品相关的国家标准；供电产品、消防产品应具有入网许可证。

（6）图中未尽示意应参阅国家有关规定和 92DQ。

（7）节能设计。

1）采用功率因数高的三基色 T5 荧光灯（电子镇流器）、采用延时开关等措施，降低无功损耗。

2）本工程合理选择配电箱柜位置，选择相应电线、电缆截面，以此降低线路损耗。单相负荷应尽量三相平衡配电。

3）照明节能计算见照度计算表。

（8）照明节能计算表见表 6-1。

表 6-1 **照明节能计算表**

序号	房间名称	楼层	轴线	面积（m^2）	光源类型	安装高度（m）	参考平面高度（m）	灯具类型		单套灯具光源参数			灯具数量	计算照度（Lx）	计算 LPD（W/m^2）	标准照度	标准 LPD（W/m^2）
								灯型	效率	光源（W）	镇流器（W）	光通量（lm）					
1	弱电间	地下一层	(S-3) - (S-4) / (14-A) - (14-B)	11	T5 荧光灯	2.8	0.75	开敞式	75%	28×1	4×1	2900×1	2	316	2.9	300	11
2	消防控制室	一层	(S-1) - (14-1-1) / (14-A) - (14-D)	23	T5 荧光灯	2.8	0.75	开敞式	75%	28×1	4×1	2900×1	7	481	9.7	500	18
3	商业用房	一层	(14-1-1)-(14-1-4)/(14-C)-(14-F)	42	二次装修确定									—	—	300	12

第7天

住宅楼工程电气施工图识读详解

第1小时　详解住宅楼工程强电系统图

住宅楼工程强电系统图及解析，如图7-1～图7-7所示。

第2小时　详解住宅楼工程弱电系统图

住宅楼工程弱电系统图，如图7-8所示。

第3小时　详解住宅标准层强电、弱电平面图

住宅楼标准层强电平面图，如图7-9所示。标准层弱电平面图，如图7-10所示。

第4小时　详解住宅楼工程13、14号楼电力平面图

住宅楼工程13、14号楼电力平面图，如图7-11～图7-18所示。

第5小时　详解住宅楼工程13、14号楼照明平面图

住宅楼工程13、14号楼照明平面图，如图7-19～图7-24所示。

第6小时　详解住宅楼工程13、14号楼火灾自动报警平面图

住宅楼工程火灾自动报警平面图，如图7-25和图7-26所示。

第7小时　详解住宅楼工程13、14号楼基础接地平面图

住宅楼工程13、14号楼基础接地平面图，如图7-27和图7-28所示。

第8小时　详解住宅楼工程顶层机房电气平面及屋顶防雷接地平面图

住宅楼工程顶层机房电气平面及屋顶防雷接地平面图，如图7-29～图7-32所示。

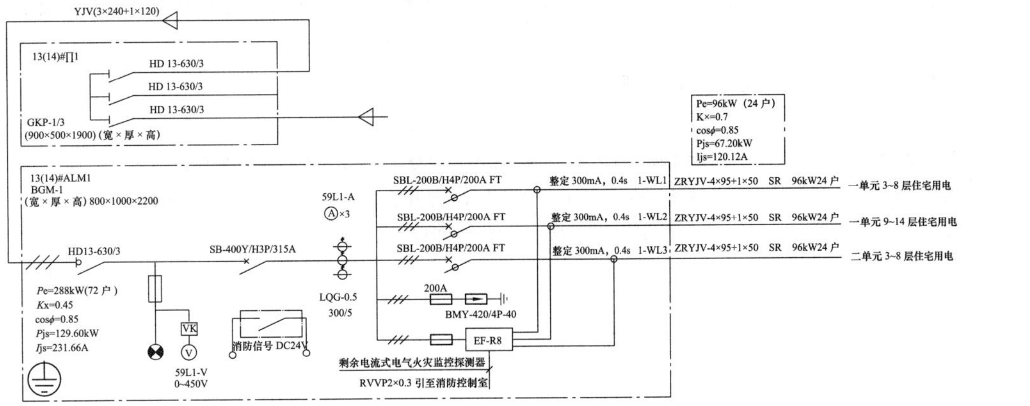

注：非消防配电回路断路器均带分励脱扣，火灾时通过消防模块在光力柜内切除。

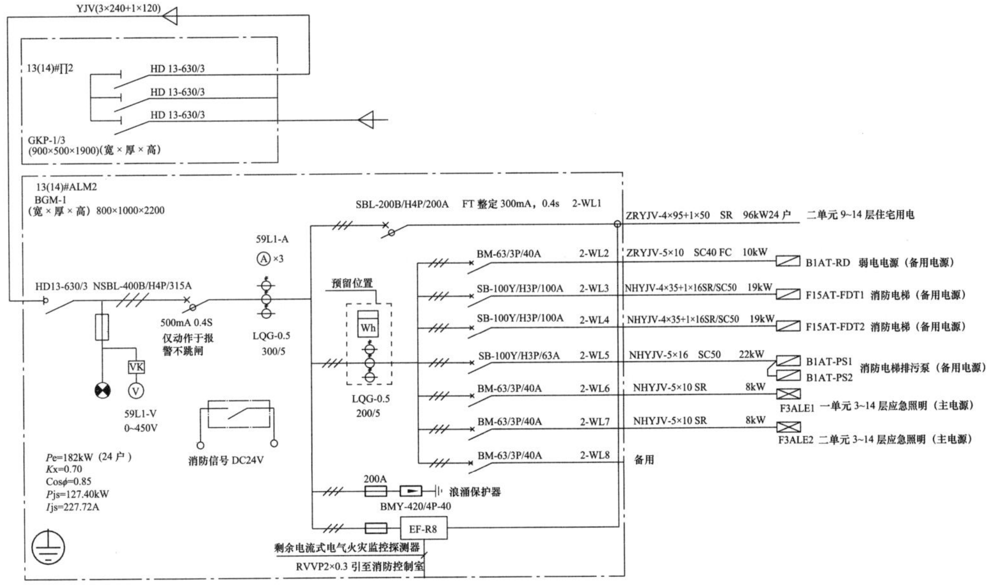

注：非消防配电回路断路器均带分励脱扣，火灾时通过消防模块在光力柜内切除。

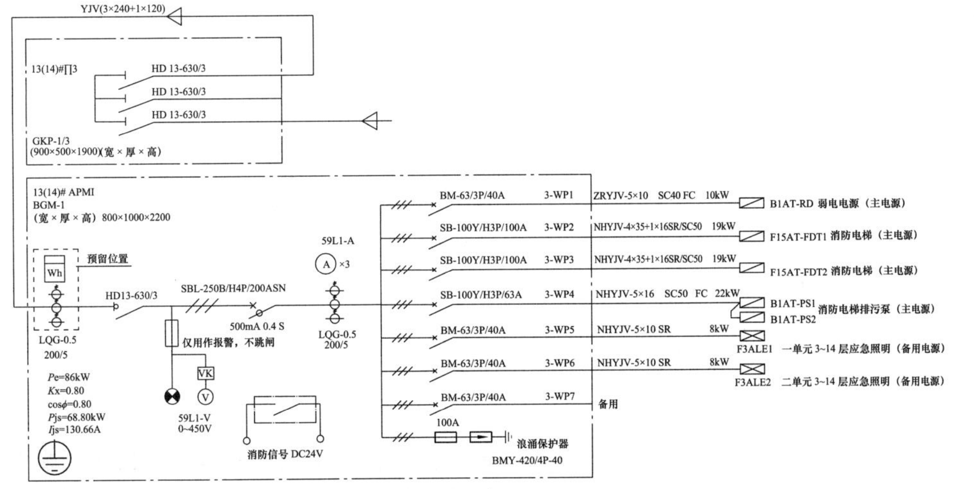

注：非消防配电回路断路器均带分励脱扣，火灾时通过消防模块在光力柜内切除。

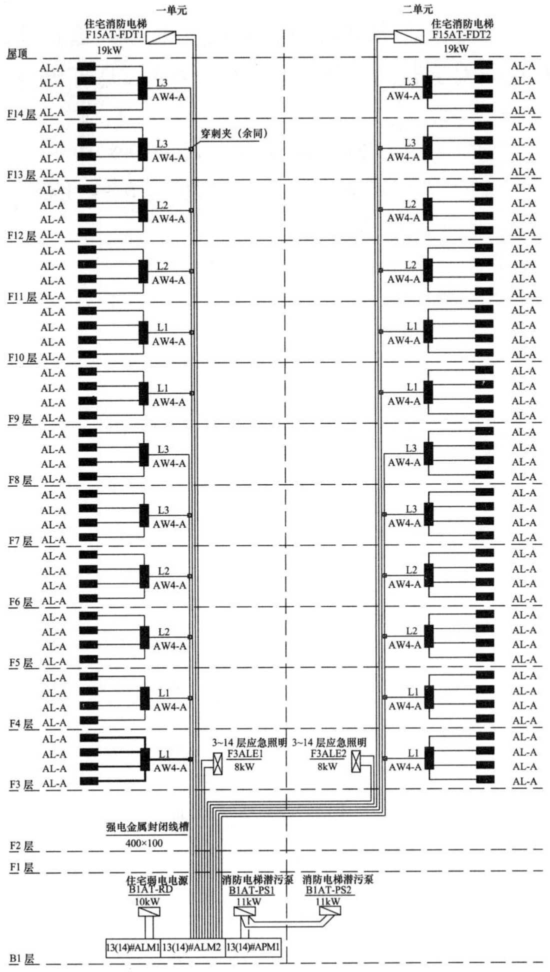

住宅电气干线系统图

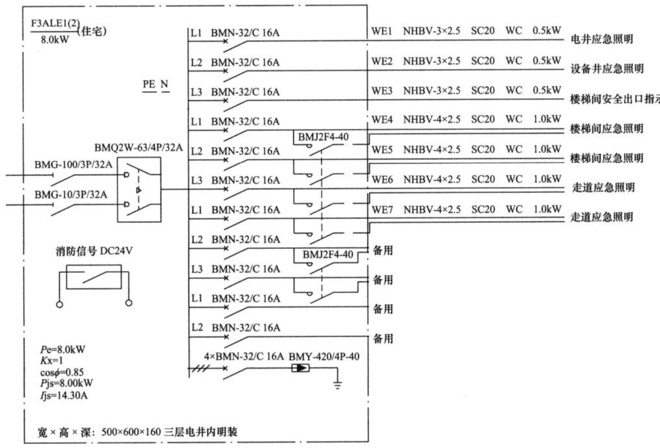

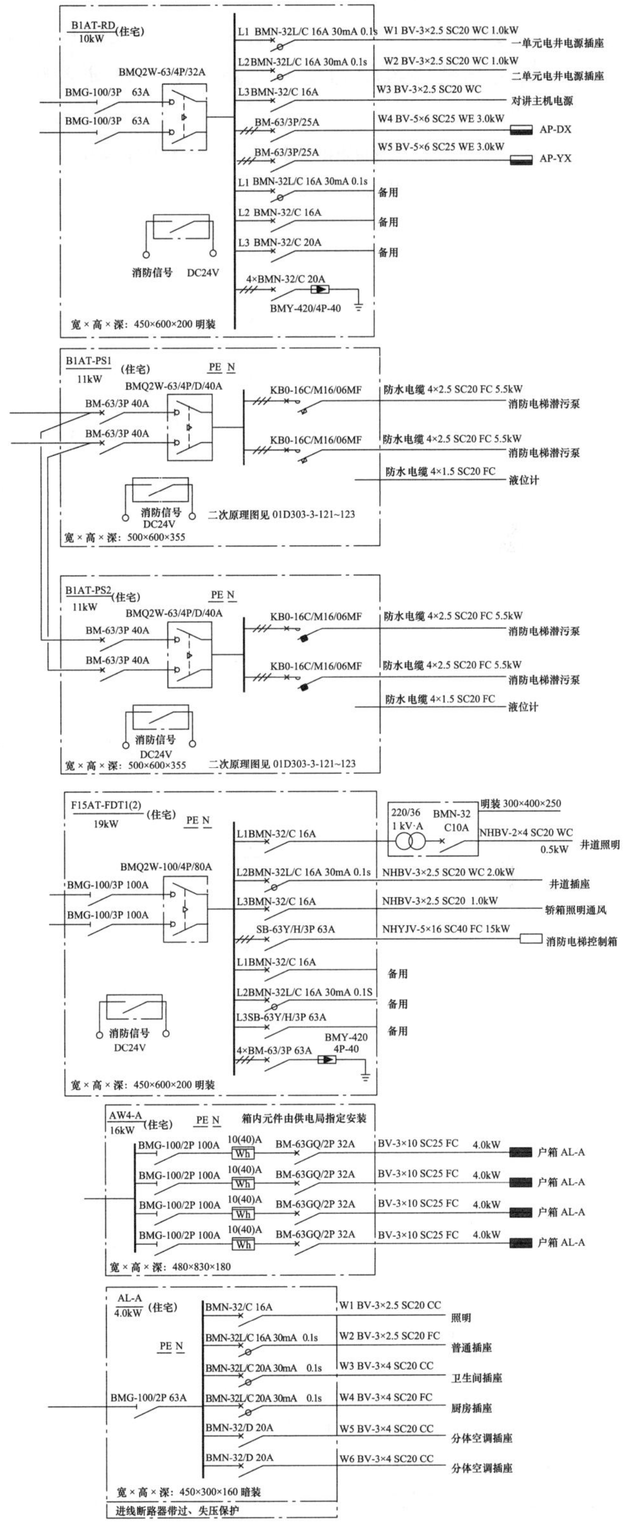

图 7-1 强电系统图（一）

通过说明及图例的阅读，施工图阅读的一个重点来了，就是整个工程的强弱电系统部分。系统图在电气施工图中具有十分重要的地位，它从总体上来描述系统或者分系统，是系统的汇总，是依据系统或者分系统功能依次分解的层次绘制的。系统图从整体上确定了项目电气工程的规模，为电气计算、选择导线开关、拟定装置布置提供了依据。

系统图也是操作维护的重要文件，通过阅读系统图，才能正确地对系统进行操作维护，维护人员可以通过系统图判断故障位置，解决运行问题。

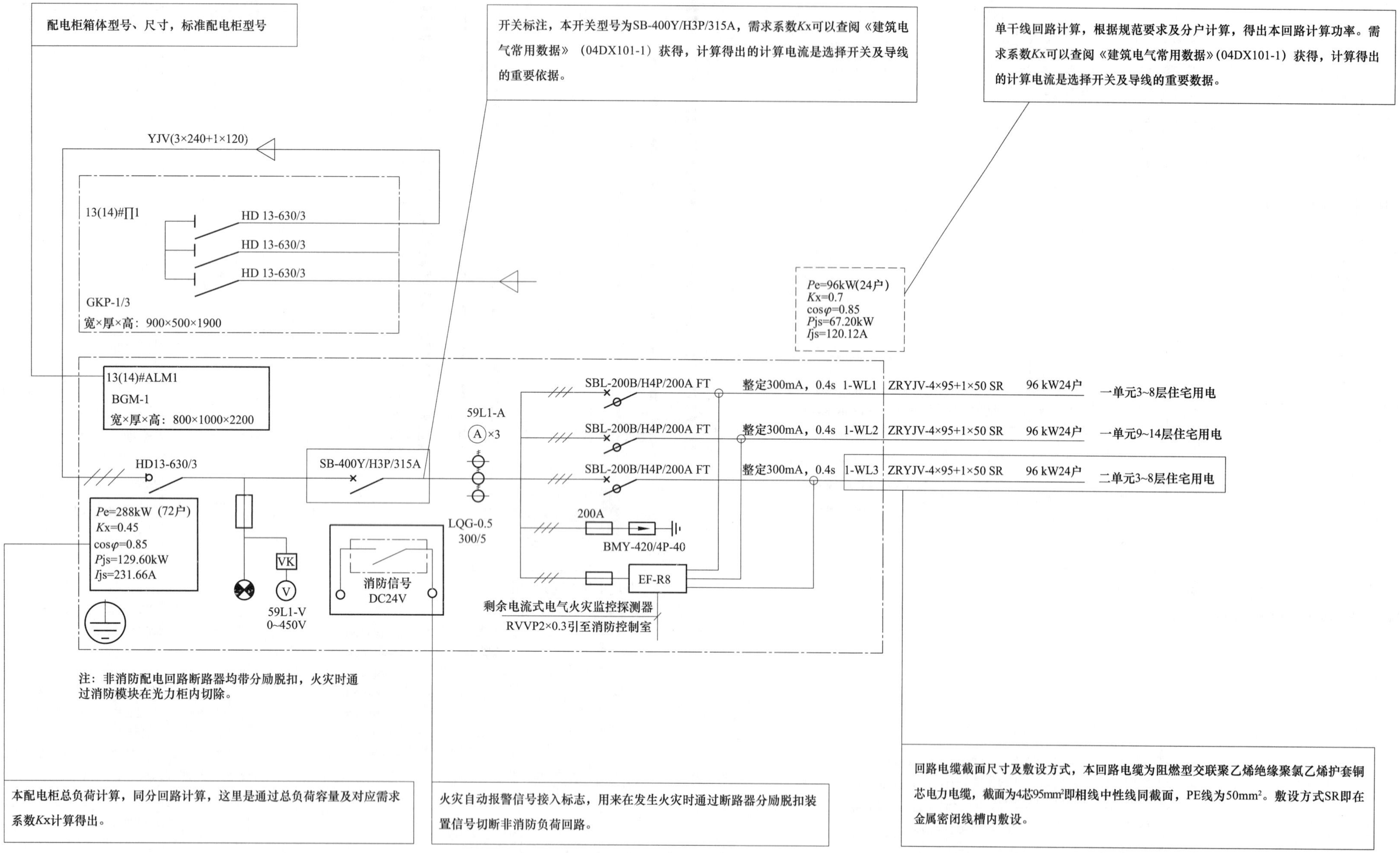

注：非消防配电回路断路器均带分励脱扣，火灾时通过消防模块在光力柜内切除。

实例解析：

通过本图我们可以看到，本住宅楼的1号派接柜进户电缆为YJV-3×240+1×120。根据设计说明可以知道这段进户电缆引自小区的低基变配电所。派接柜的作用是为了分隔产权单位，低基变配电所电缆由供电局负责施工，到派接柜开关下口为止均由供电局负责安装维护，后电缆进入本楼配电室ALM1号柜。ALM从图例中可以看到是照明配电柜。

图 7-2 强电系统图（一）讲解

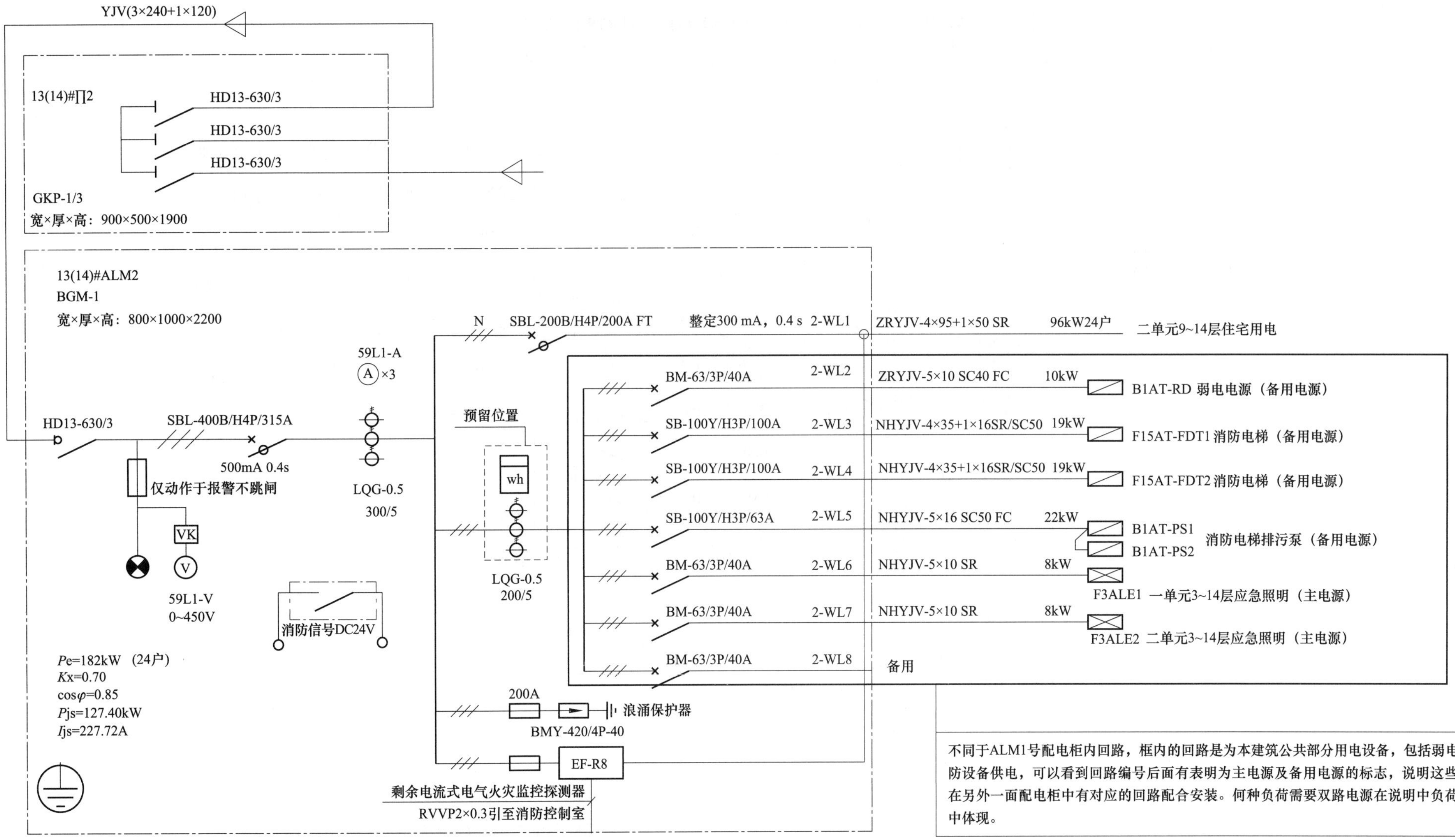

不同于ALM1号配电柜内回路，框内的回路是为本建筑公共部分用电设备，包括弱电、消防设备供电，可以看到回路编号后面有表明为主电源及备用电源的标志，说明这些回路在另外一面配电柜中有对应的回路配合安装。何种负荷需要双路电源在说明中负荷分级中体现。

注：非消防配电回路断路器均带分励脱扣，火灾时通过消防模块在光力柜内切除。

续图 7-2

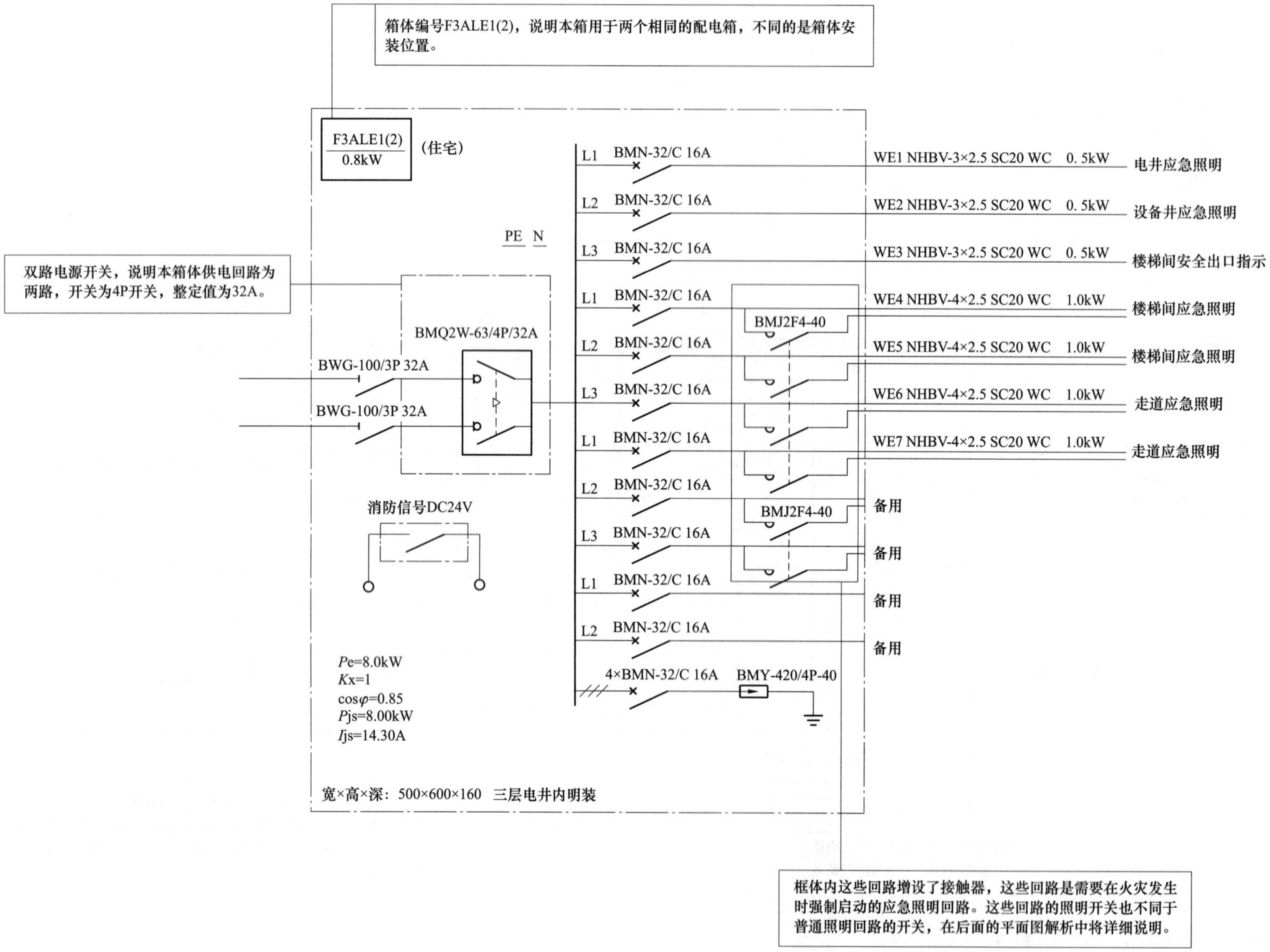
箱体编号F3ALE1(2)，说明本箱用于两个相同的配电箱，不同的是箱体安装位置。
F3ALE1(2)
0.8kW
(住宅)
双路电源开关，说明本箱体供电回路为两路，开关为4P开关，整定值为32A。
PE N
BMQ2W-63/4P/32A
BWG-100/3P 32A
BWG-100/3P 32A
消防信号DC24V
Pe=8.0kW
Kx=1
cosφ=0.85
Pjs=8.00kW
Ijs=14.30A
宽×高×深：500×600×160 三层电井内明装
L1 BMN-32/C 16A
L2 BMN-32/C 16A
L3 BMN-32/C 16A
L1 BMN-32/C 16A
L2 BMN-32/C 16A
L3 BMN-32/C 16A
L1 BMN-32/C 16A
L2 BMN-32/C 16A
L3 BMN-32/C 16A
L1 BMN-32/C 16A
L2 BMN-32/C 16A
4×BMN-32/C 16A
BMY-420/4P-40
BMJ2F4-40
BMJ2F4-40
WE1 NHBV-3×2.5 SC20 WC 0.5kW 电井应急照明
WE2 NHBV-3×2.5 SC20 WC 0.5kW 设备井应急照明
WE3 NHBV-3×2.5 SC20 WC 0.5kW 楼梯间安全出口指示
WE4 NHBV-4×2.5 SC20 WC 1.0kW 楼梯间应急照明
WE5 NHBV-4×2.5 SC20 WC 1.0kW 楼梯间应急照明
WE6 NHBV-4×2.5 SC20 WC 1.0kW 走道应急照明
WE7 NHBV-4×2.5 SC20 WC 1.0kW 走道应急照明
备用
备用
备用
备用
框体内这些回路增设了接触器，这些回路是需要在火灾发生时强制启动的应急照明回路。这些回路的照明开关也不同于普通照明回路的开关，在后面的平面图解析中将详细说明。

续图 7-2

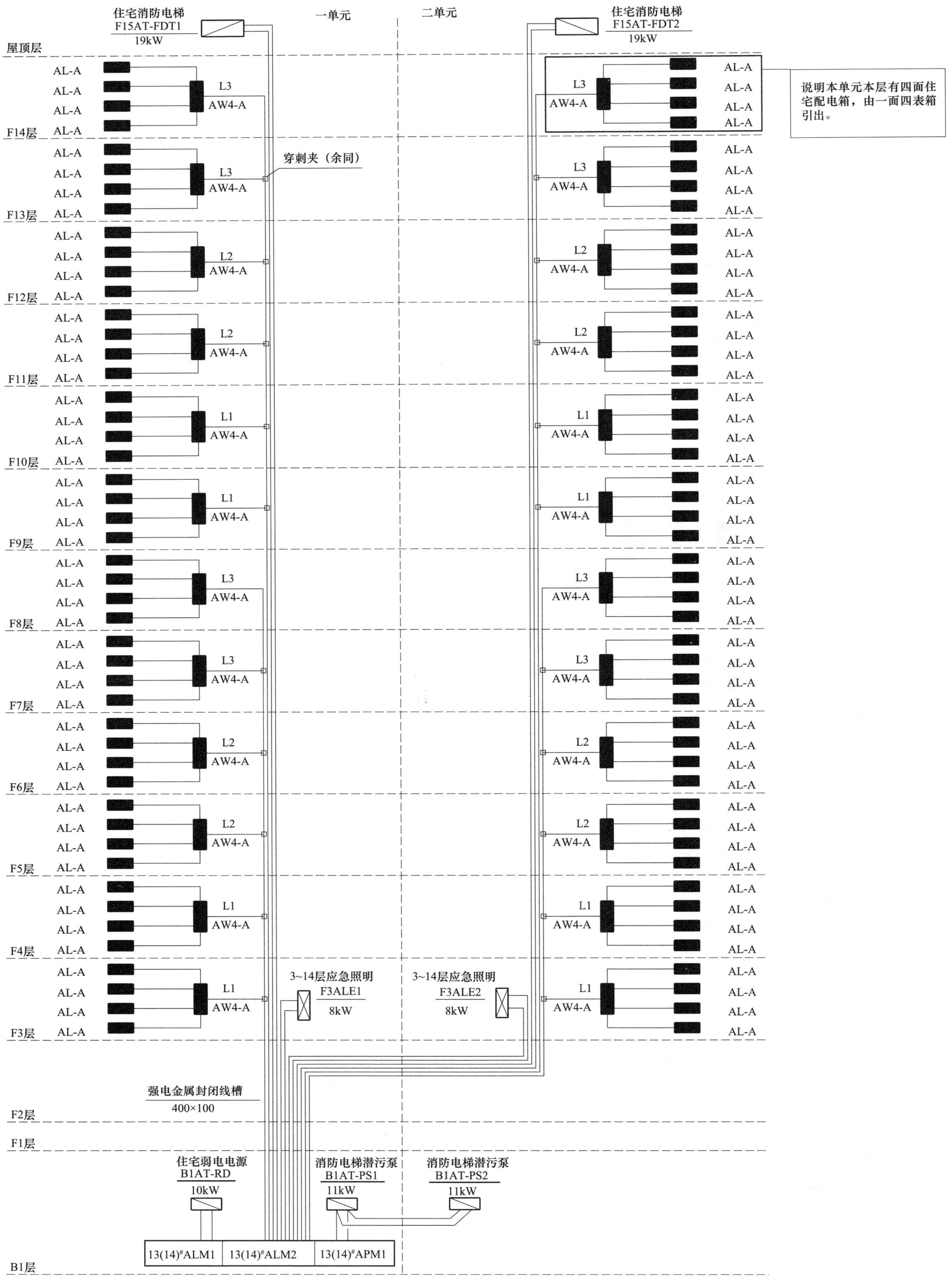

通过竖向系统图的阅读，可以直观地了解配电柜与配电箱间的干线关系。竖向系统图是整个工程强电部分的整合说明，有助于阅读者对整个工程的强电系统进行理解。

续图 7–2

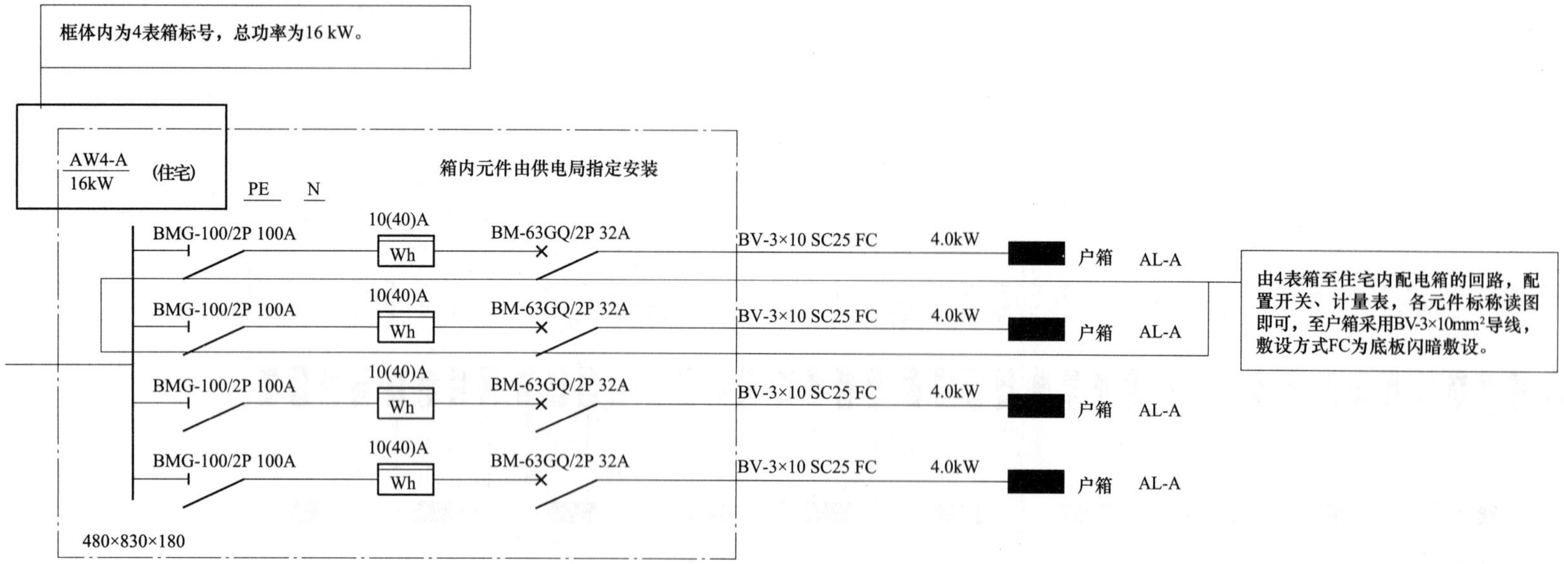

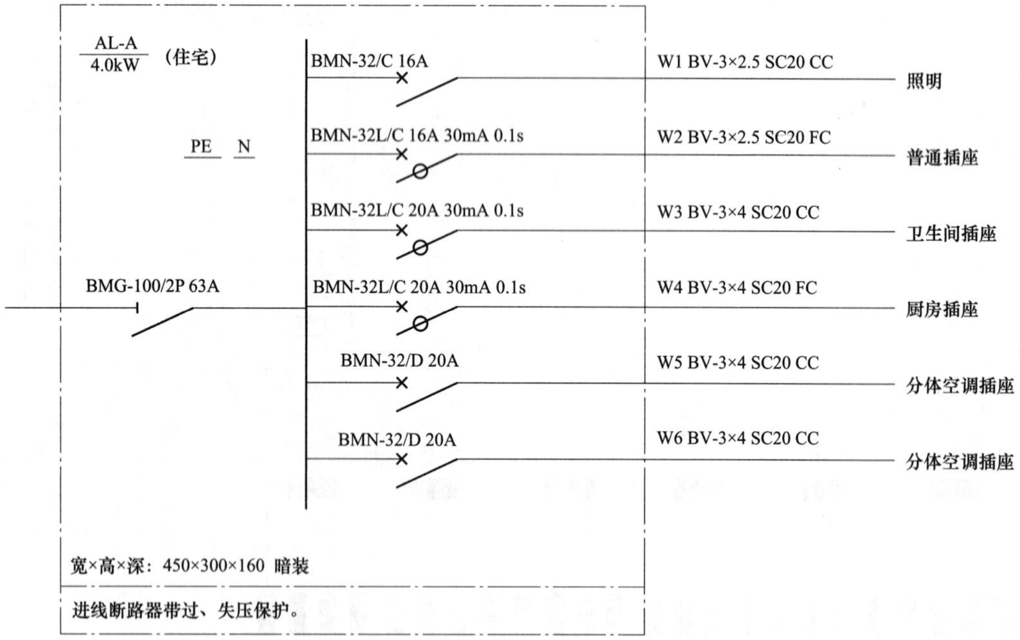

户箱系统图内表明了单个住宅户内回路设置，包括照明及插座不同回路，结合后面的平面图阅读可以更清晰的理解。

续图 7-2

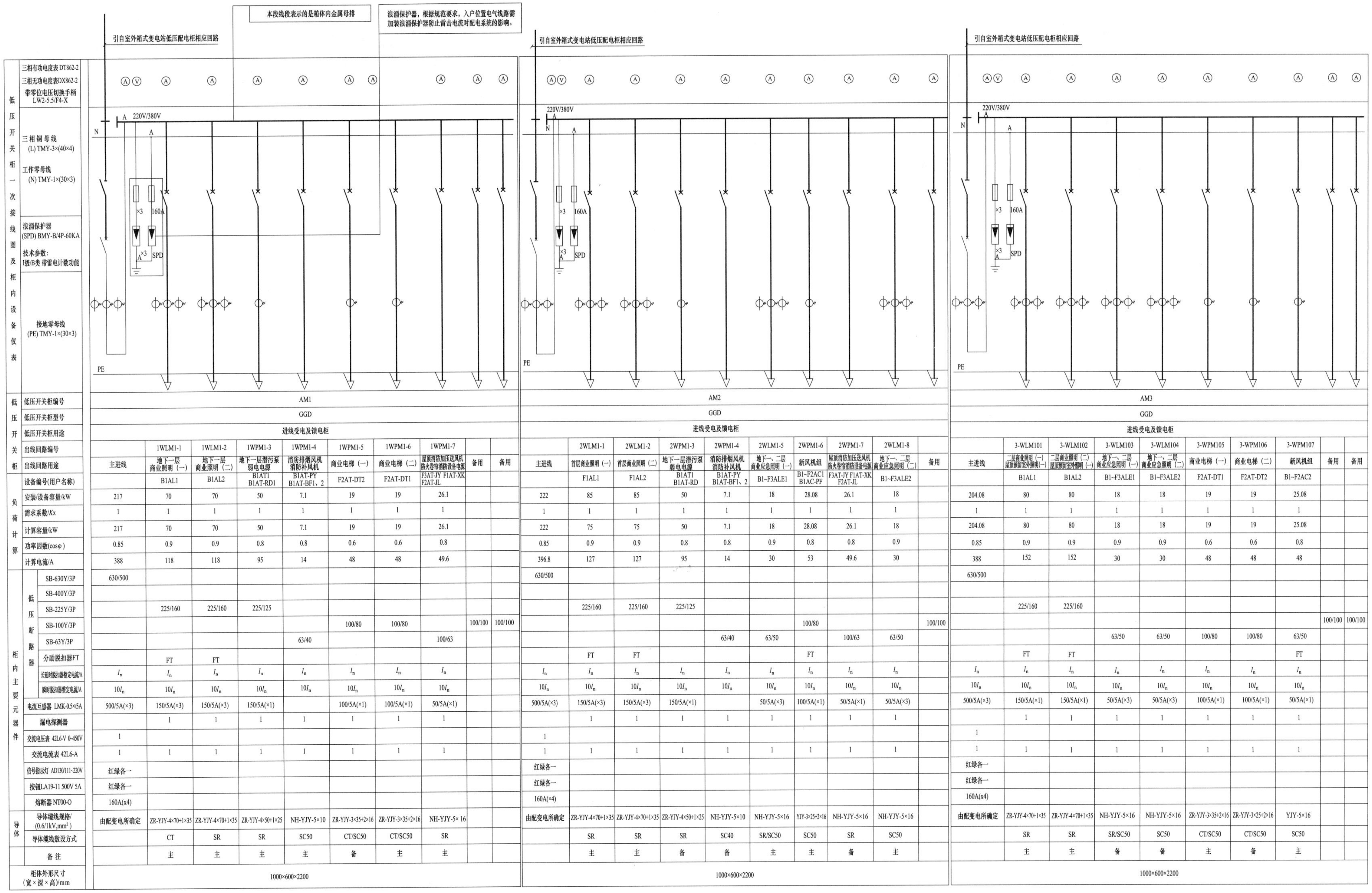

导读

本张系统图是住宅底商部分的强电系统图，区别于住宅部分系统图画法，这类系统图更加详细地将配电柜内所有供配电原件型号、尺寸等信息标注出来。各个用电回路的计算参数也一并在系统图中体现，方便施工人员或者看图人员快速了解回路负荷信息。

需要注意的是，列举出来的开关元器件等均是为方便设计而选用的产品型号，在不同的施工图中产品选型会各有不同，但产品的技术指标一定要按照设计计算出的数据进行选择，区别仅在于厂家产品代号，后面的技术指标参数基本一致。通过更多的图纸阅读，了解更多产品，将更便于阅读系统图内容。

图 7-3　强电系统图（二）

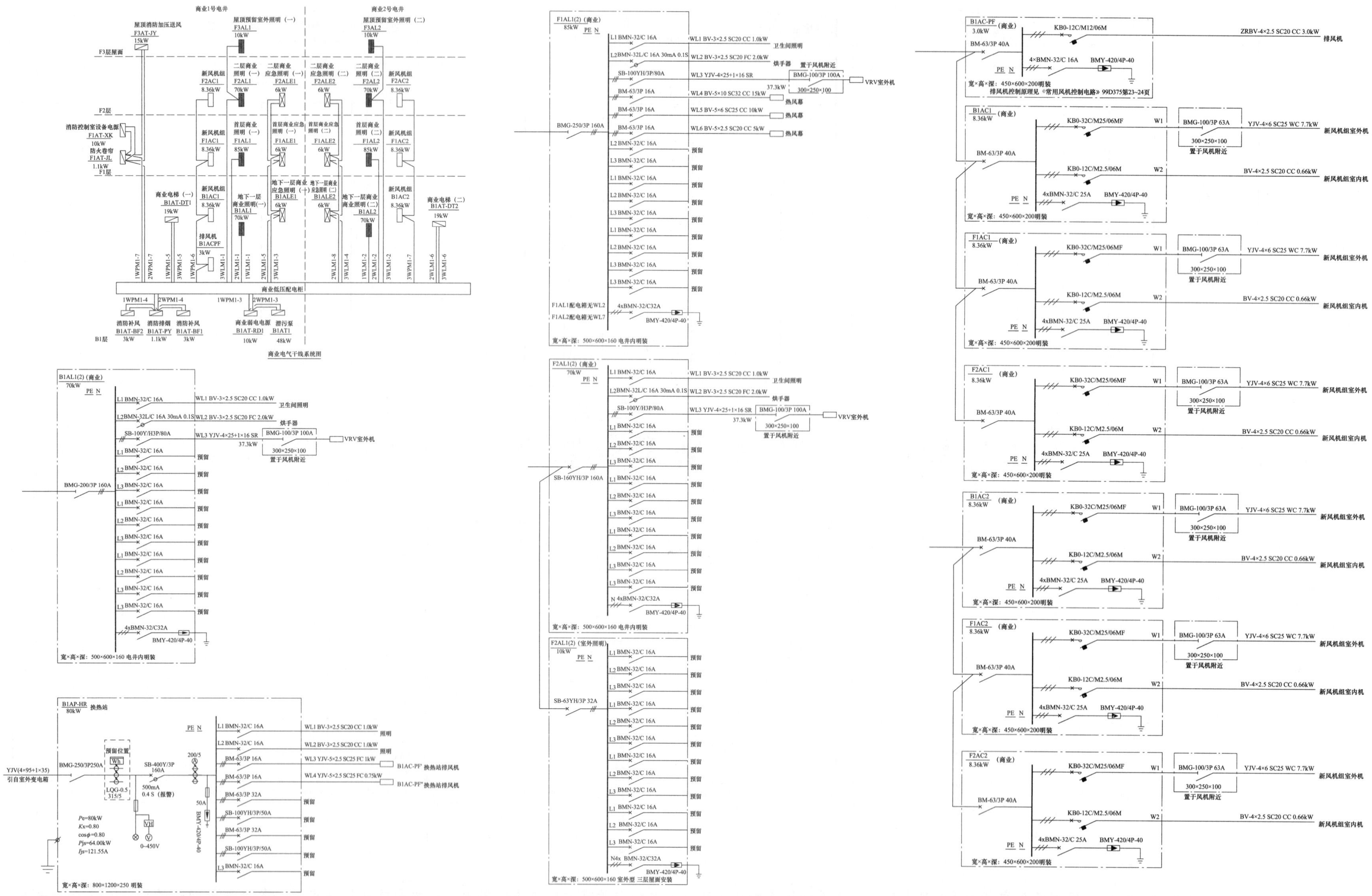

导读

本张系统图包含了商业部分竖向系统图及部分配电箱系统图，与住宅部分解析内容基本相同，阅读时应熟悉各个配电箱负载的设备信息，方便后续对照平面图深入理解。

注意事项：很多建筑内设置的商业部分在一次设计中不好对配电支路进行设计，需要在使用方二次设计后进行深化设计，所以商业部分配电箱内表明预留回路的都是为二次设计预留的条件，在施工平面图中不会体现。

图 7-4　强电系统图（三）

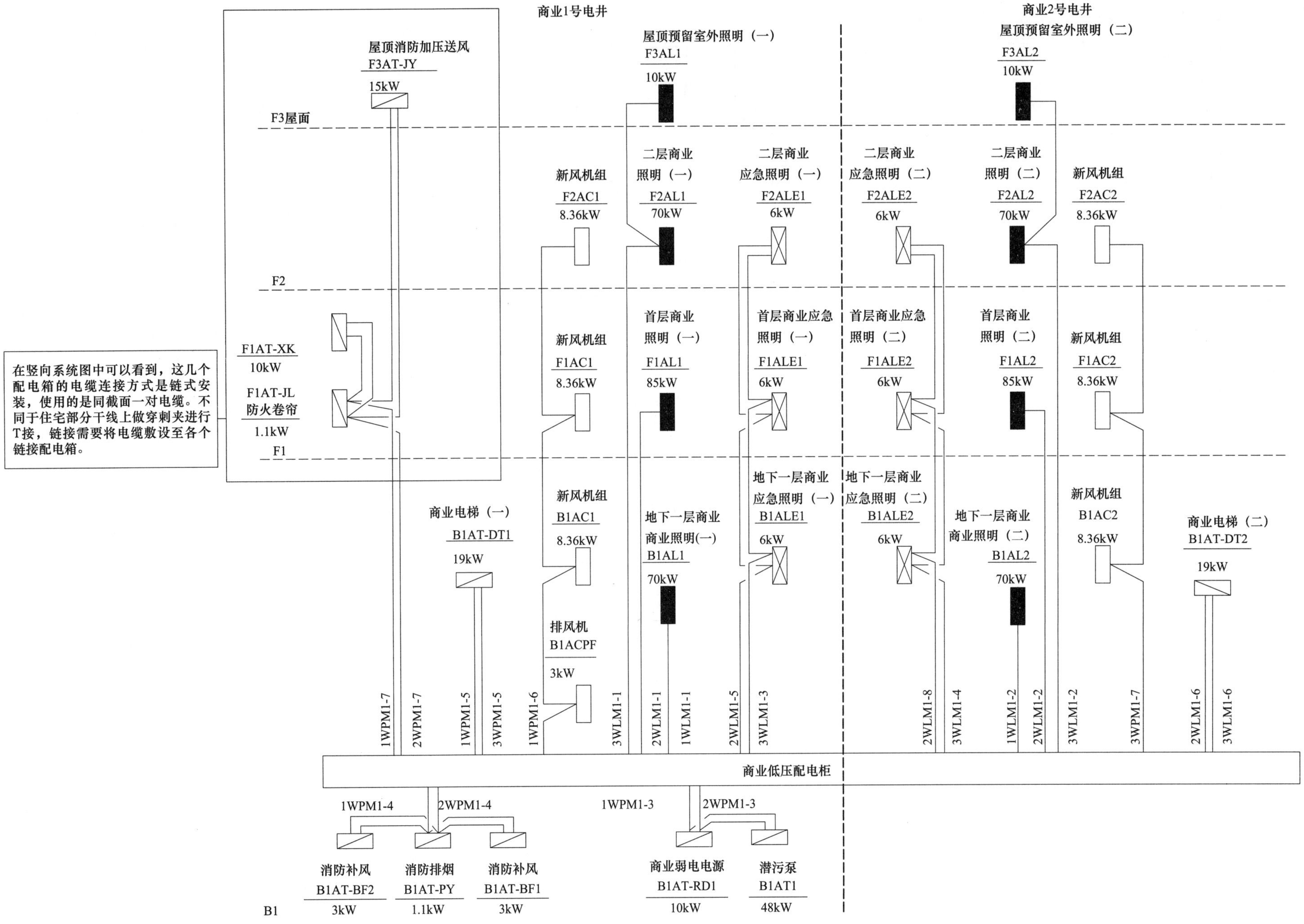

商业电气干线系统图

导读

这是个较为简单的商业电气竖向干线系统图，用电设备和线路敷设都比较好理解，但也需要明白干线图中各个配电箱或用电设备的名称意义及在电气系统中的作用。通过对小型系统图的阅读理解，打好基础，在以后阅读大型系统图时才能得心应手。

图 7–5　强电系统图（三）讲解

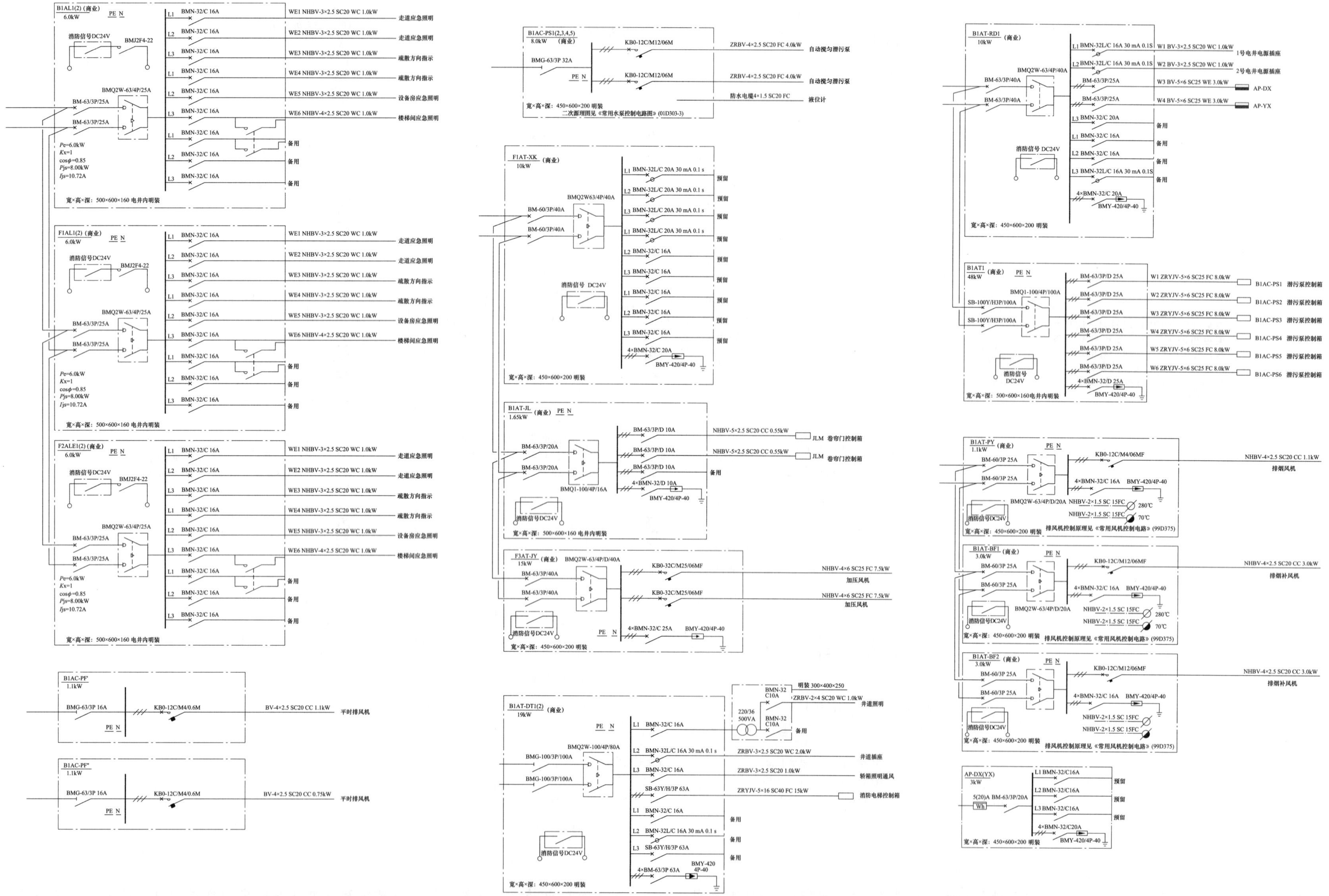

导读

本张系统图包含了商业部分竖向系统图及部分配电箱系统图，与住宅部分解析内容基本相同，阅读时应熟悉各个配电箱负载的设备信息，方便后续对照平面图深入理解。

注意事项：很多建筑内设置的商业部分在一次设计中不好对配电支路进行设计，需要在使用方二次设计后进行深化设计，所以商业部分配电箱内表明预留回路的都是为二次设计预留的条件，在施工平面图中不会体现。

图 7-6　强电系统图（四）

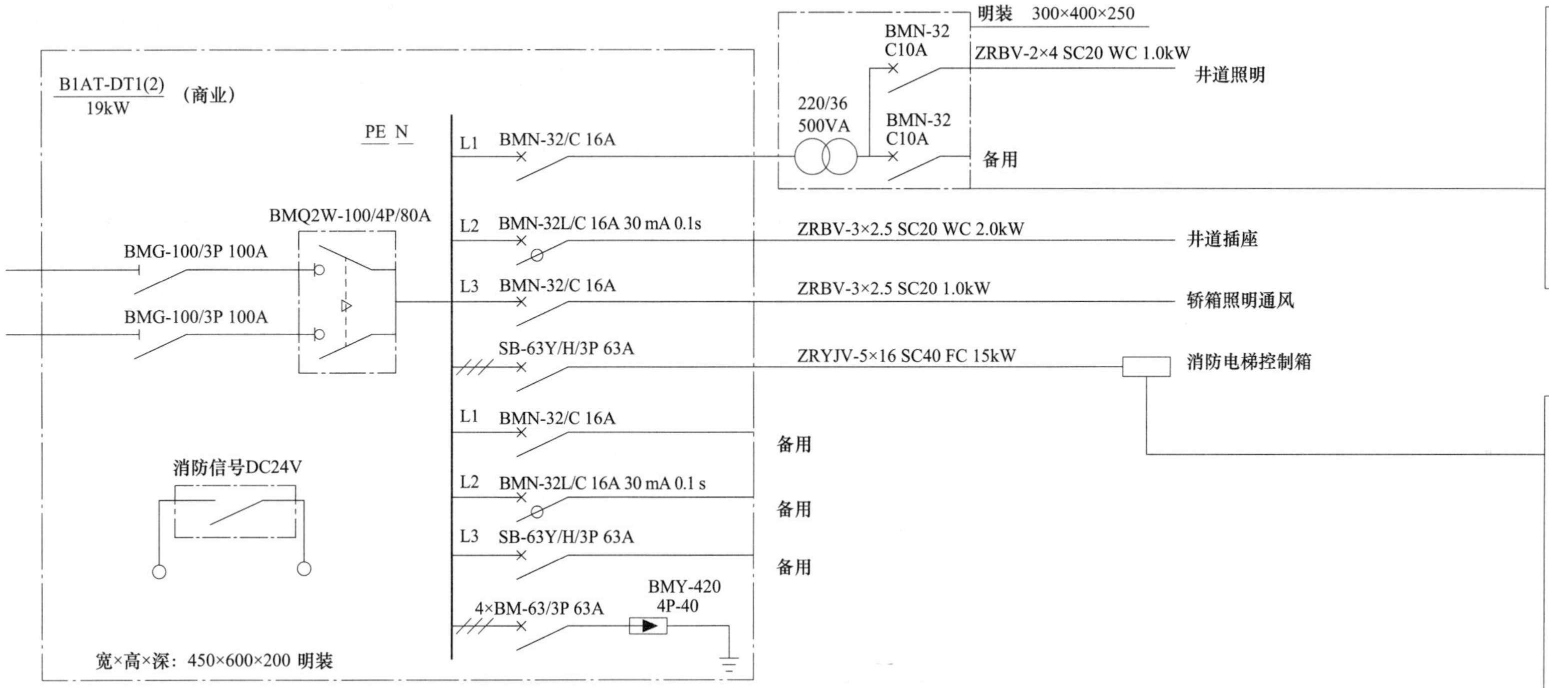

在这个电梯配电系统中，这个部分是隔离变压器，作用是将井道照明的工作电压调整到安全电压级别。是对维护人员做出的安全保障。这个隔离变压器箱一般安装于电梯电源配电箱旁边。

不要对这个消防电梯控制箱图标有误解，这里表示的意思是电梯厂家配套的成套控制设备。一般设备厂家的成套设备只须设计人员提供工作电源线缆至设备就可以。这里也是把电梯电源线缆敷设至电梯设备即可。

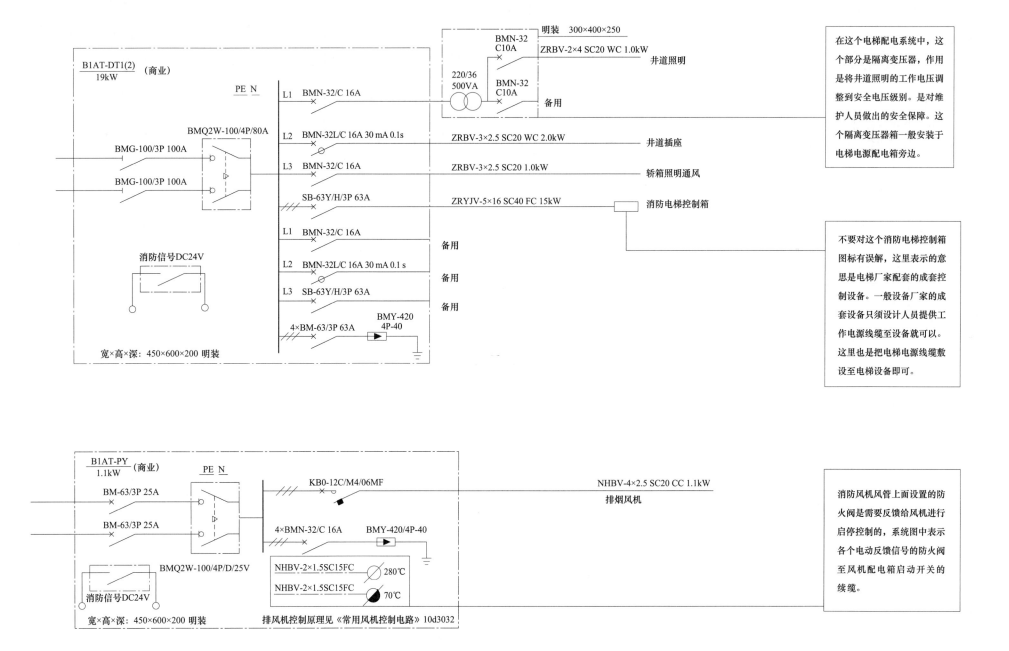

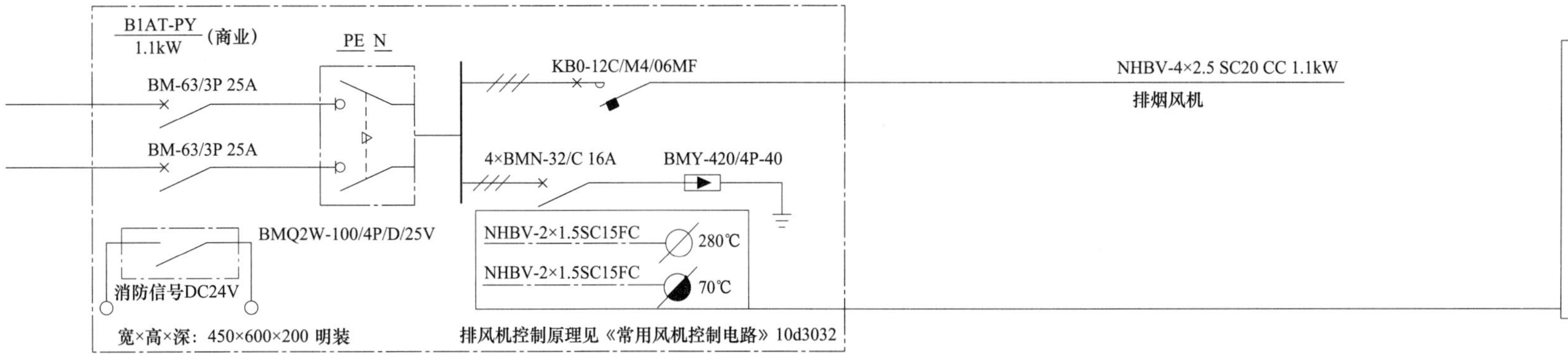

消防风机风管上面设置的防火阀是需要反馈给风机进行启停控制的，系统图中表示各个电动反馈信号的防火阀至风机配电箱启动开关的续缆。

图 7-7 强电系统图（四）讲解

导读

商业部分的弱电系统设计方式与强电部分类似，在设置好入户位置及设备机房的情况下均预留线路路由条件，待二次深化设计施工。

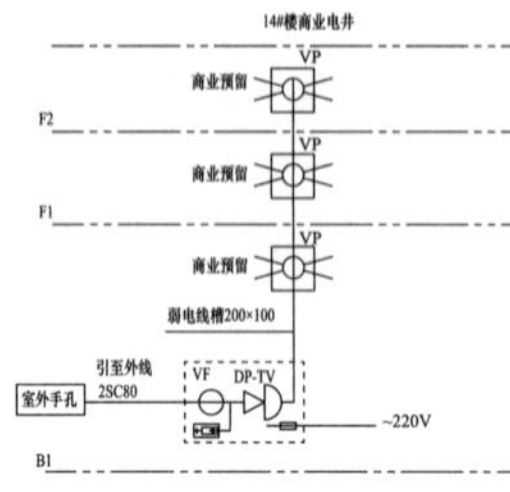

商业电视系统图

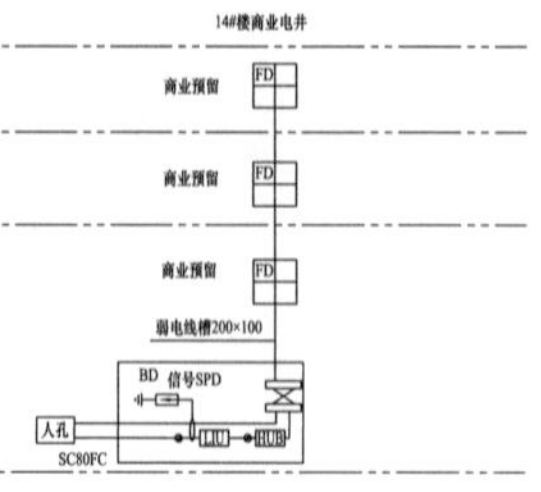

商业网络、电话系统图

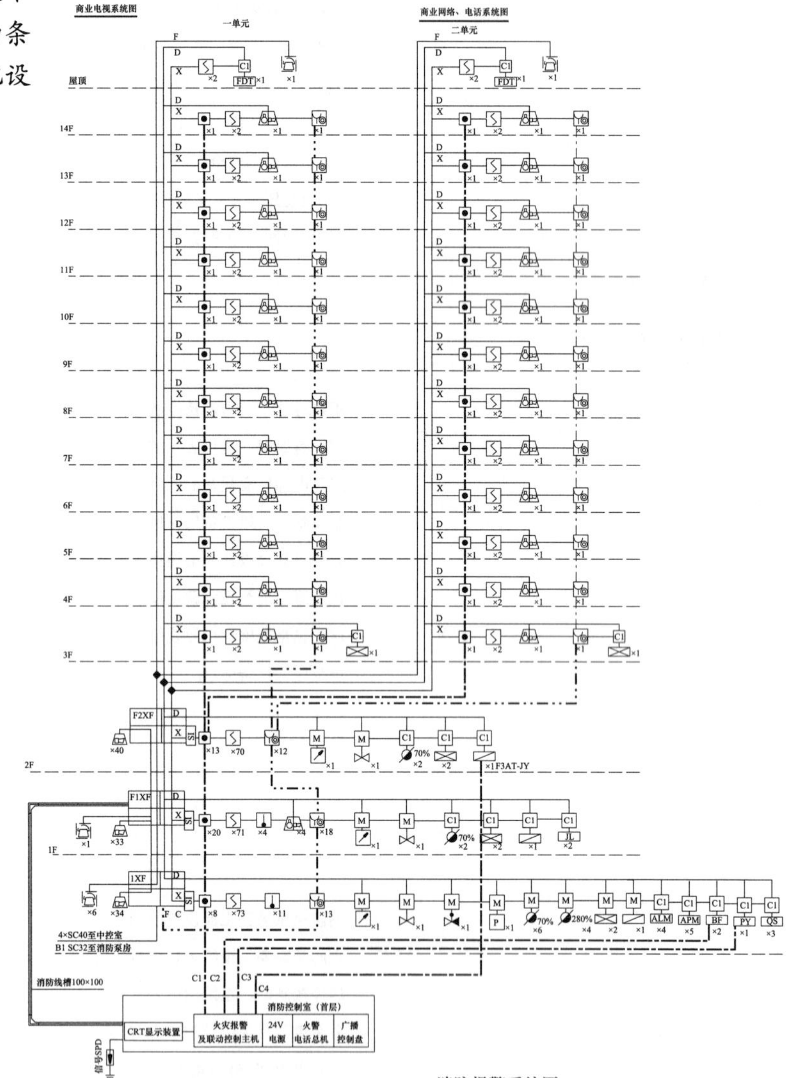

消防报警系统图

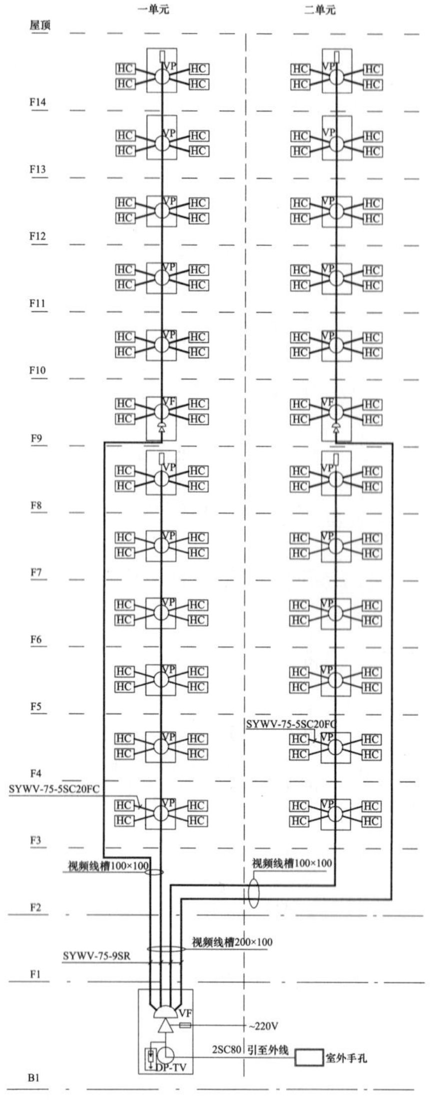

住宅电视系统图

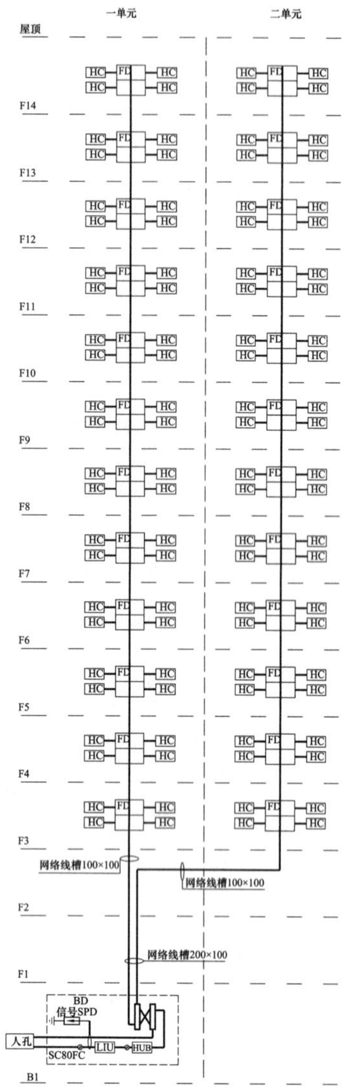

住宅网络、电话系统图

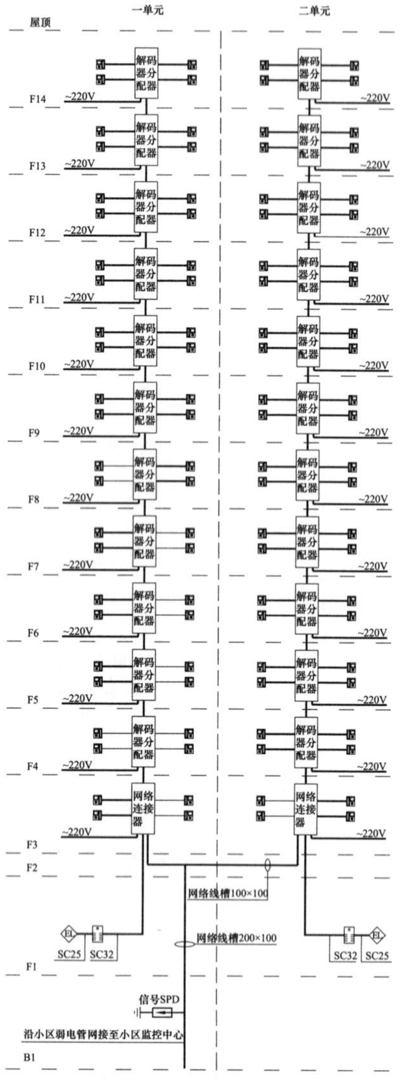

注：户内对讲分机，带报警按钮。

住宅门禁对讲系统图

图 例

VF	放大器箱	600×400×160	明装距地1.4 m		干线放大器		配线架
VP	分配分支器箱	300×400×160	明装距地1.4 m		八分支器	HUB	集线器
HC	户配线箱HC	300×300×120	暗装距地0.3 m		终端电阻	LIU	光线互联装置

导读

弱电系统部分相对阅读起来很直观，均明确地表明了线路敷设方式及每层弱电设备设置情况。对照图例就可明确各个器件的作用及安装方式。

这部分系统图表述的是干线部分内容，在平面图解析中可以看到各个住宅房间内弱电线路的敷设及安装方式。

注：

消防报警线路采用放射接线方式。

X：报警二总线，采用 RVS-2×1.0SC20 耐火线。D：系统电源线，采用 RVS-2×2.5SC20 耐火线。

F：电话总线，采用 RVVP-2×1.0SC20。

C1：消火栓起泵控制硬拉线，采用 NHKW5×1.5SC25CC。

C2：排烟风机手动控制硬拉线，采用 NHKW5×1.5SC25CC。

C3：消防补风机手动控制硬拉线，采用 NHKW5×1.5SC25CC。

C4：加压风机手动控制硬拉线，采用 NHKW5×1.5SC25CC。

导读

火灾自动报警系统在弱电系统中占据着重要位置，从系统图中，可以直观地看到系统内所具备的报警设备及对各个消防设备的联动控制线路。在阅读火灾自动报警系统图前，应该对弱电系统图中的消防设备进行一下梳理。

图 7-8　弱电系统图

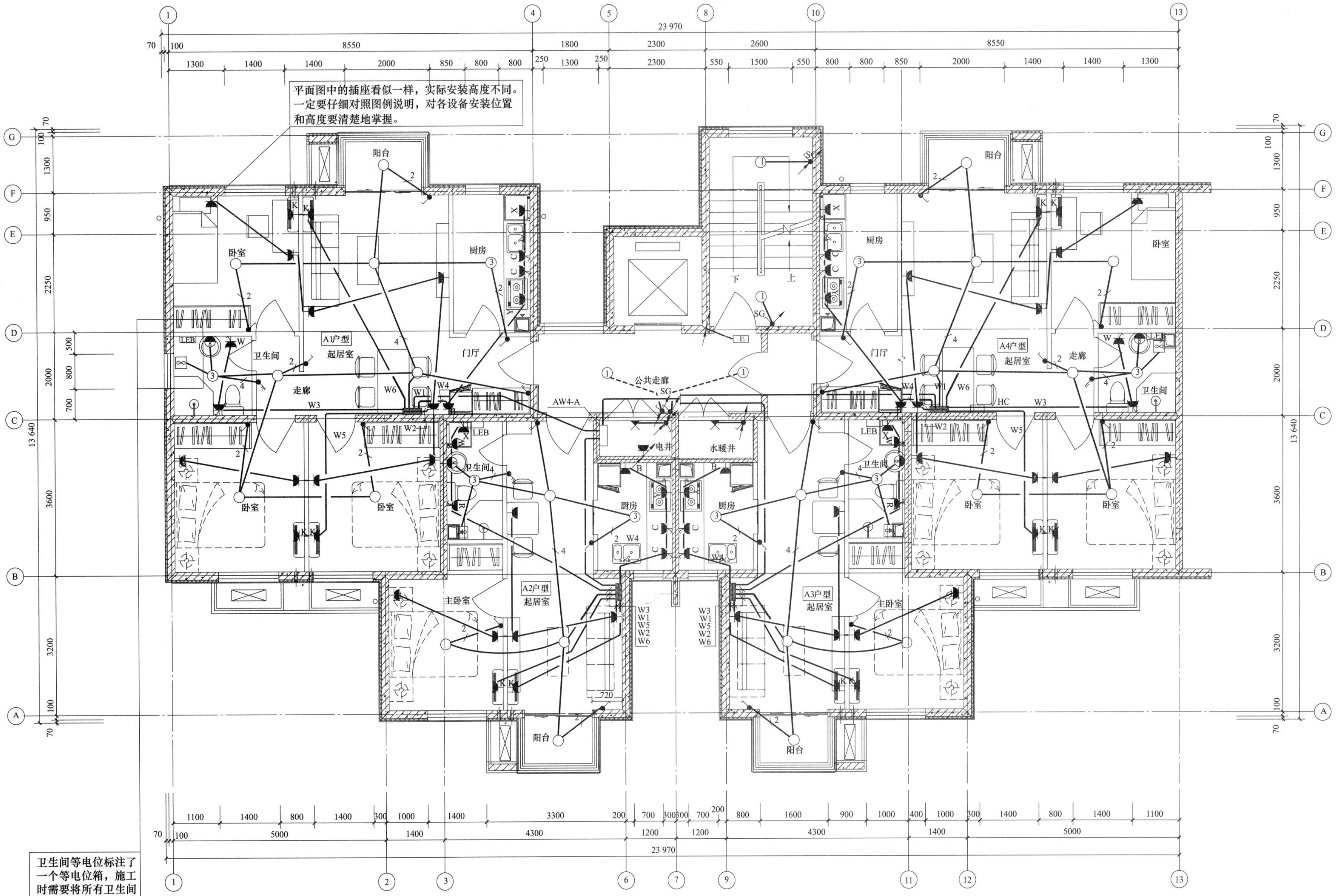

卫生间等电位标注了一个等电位箱，施工时需要将所有卫生间外露金属构件都连接至等电位端子箱，等电位端子箱与结构主筋相连。

导读

1. 图中未标注的导线数均为 3 根。
2. 户内灯具均预留灯位，箱体及开关面板、插座的安装高度见图例。
3. 强、弱电设备之间的间距不小于 200mm。
4. LEB 具体做法参见《等电位联结安装》02D501-2-16。
5. 卫生间插座应安装在二区以外。
6. 由电气竖井引至户内照明箱的管线为 SC32，埋地敷设。

图 7-9　标准层强电平面图（一、二单元户型互为镜像关系）

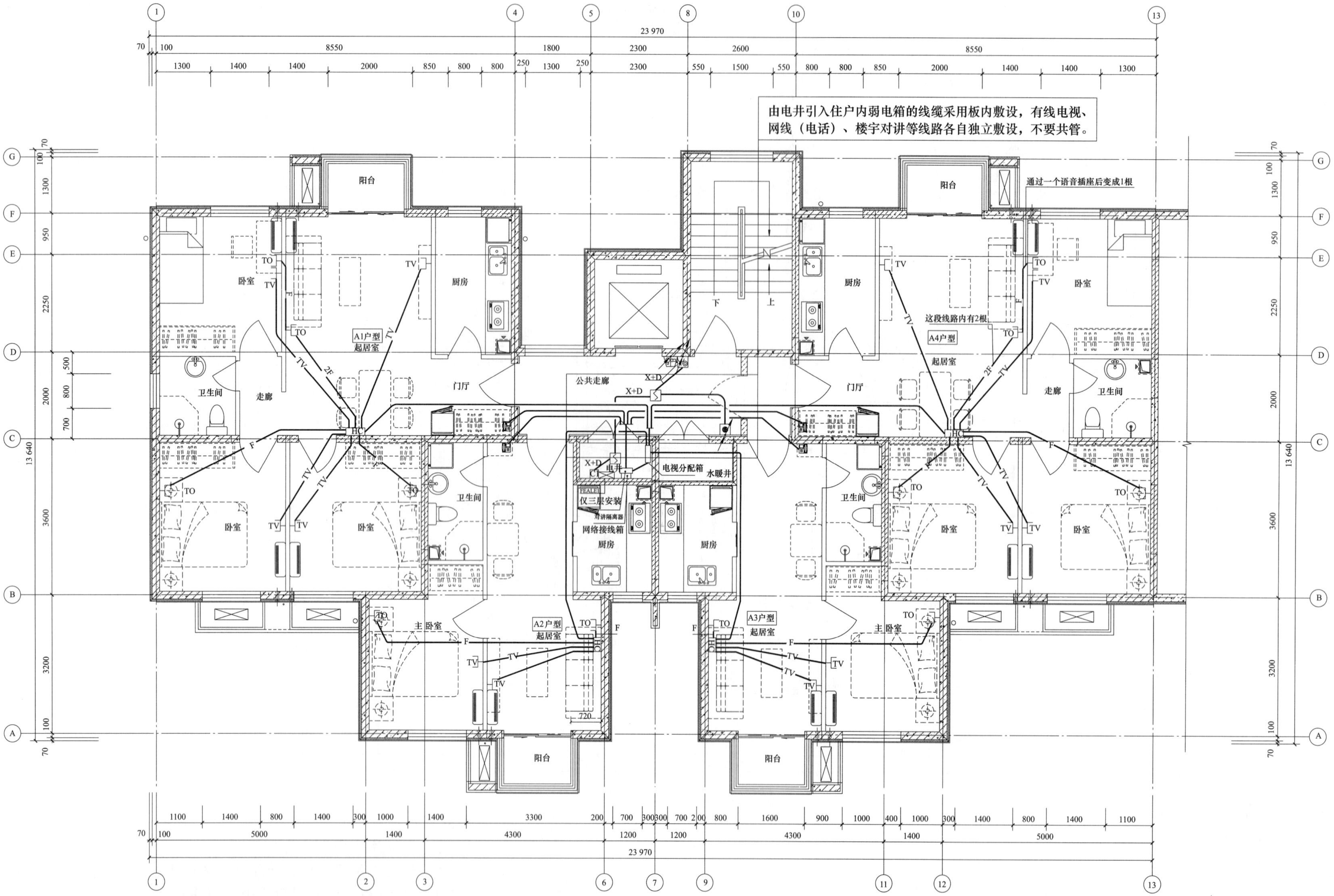

图 7-10　标准层弱电平面图

此处电井需要自己读图，这里有两个配电室敷设过来的电缆桥架，有住宅配电柜电缆，有商业配电室电缆，仔细读图区别两处线槽敷设方向。商业配电室敷设线槽依旧分为普通线槽及金属密闭线槽，分别敷设商业部分三级照明、动力负荷及消防动力负荷。

弱电间安装的线槽标注为金属密闭线槽，内设隔板，要注意的是这个线槽按照最高负荷等级线路选择，因内部敷设了火灾自动报警系统线路，所以选用金属密闭线槽。同时加设隔板将其他弱电系统线缆分隔开。这种方式适用于安装控件紧张或线路较少不需分设线槽的情况。

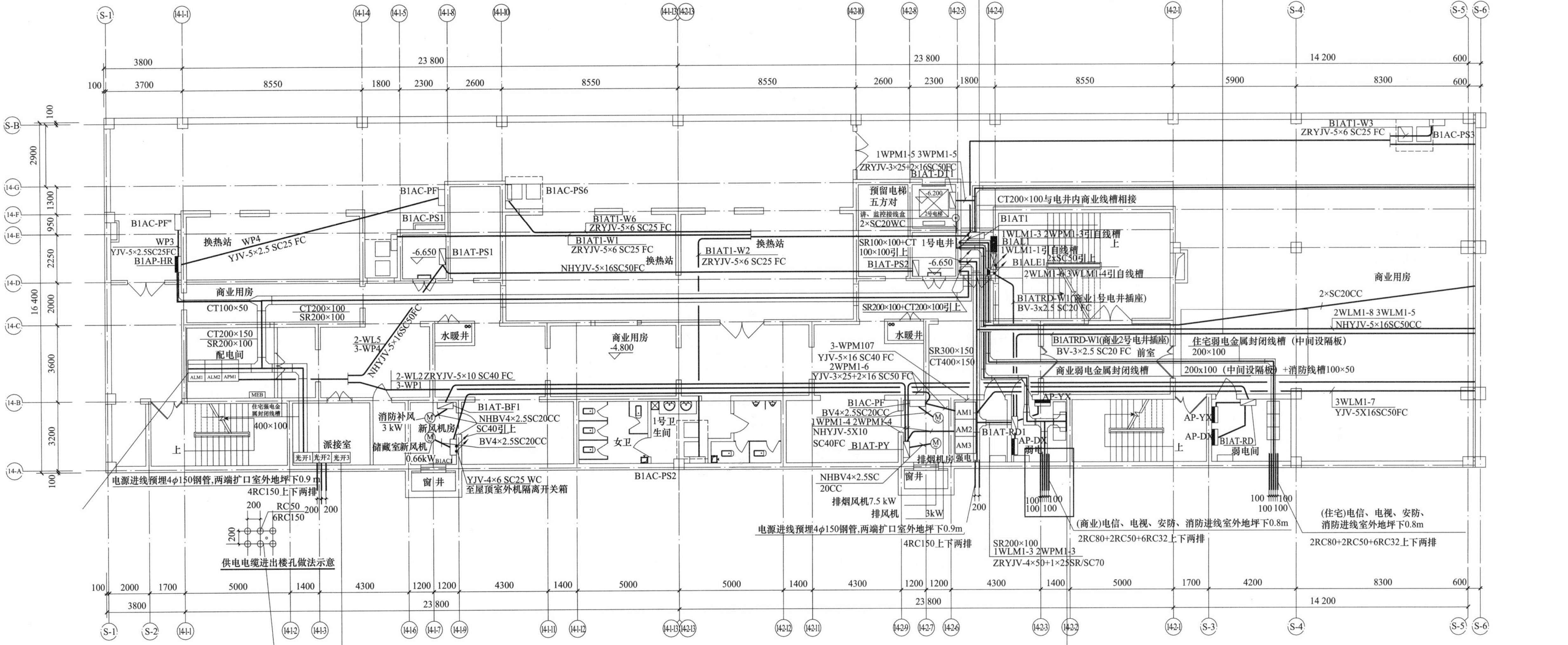

入户管示意图，本位置入户套管需要与结构专业配合，在结构施工时由电气施工人员配合安装。

派接室内派接柜可靠墙安装，入户电缆经套管进入派接柜后，经由金属密闭线槽进入配电室。金属密闭线槽的选用主要是因为本段电缆均涉及消防负荷供电。

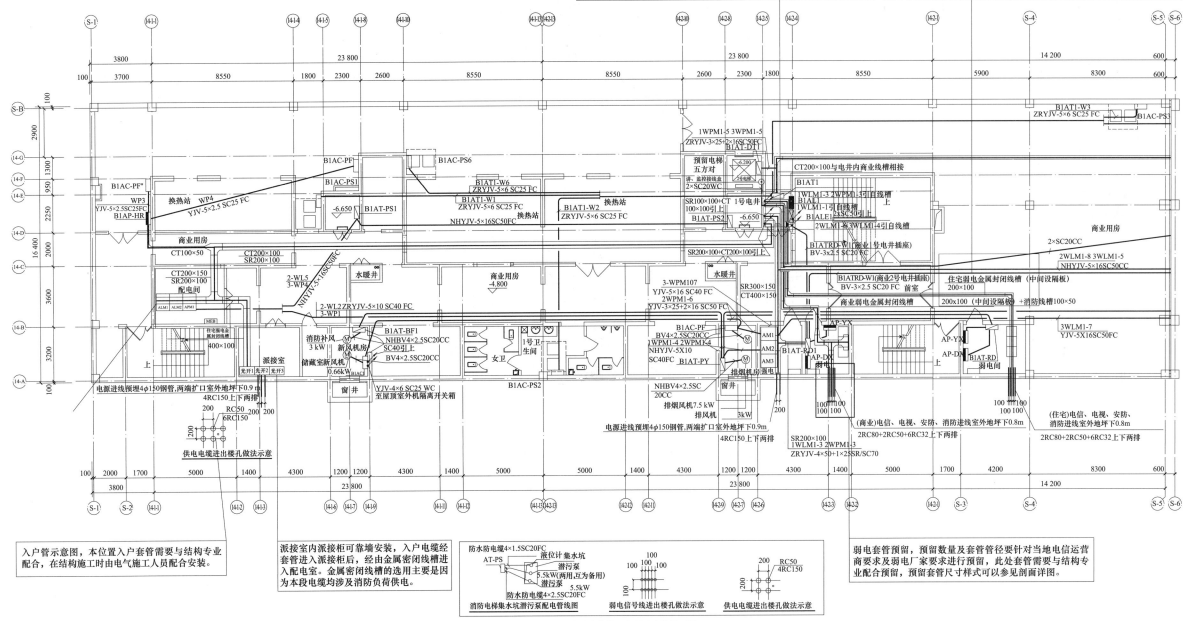

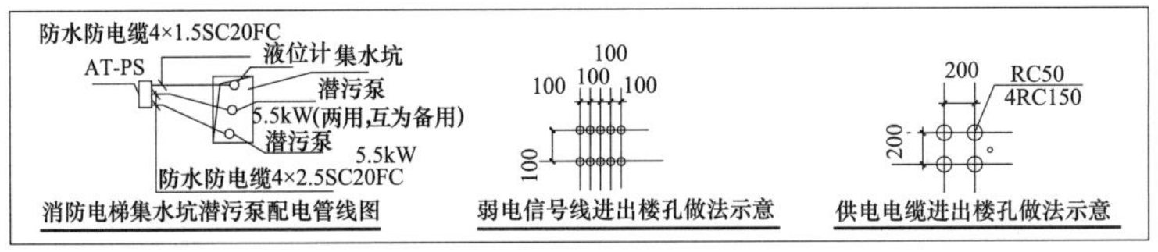

部分设备管线示意图及套管剖面图

弱电套管预留，预留数量及套管管径要针对当地电信运营商要求及弱电厂家要求进行预留，此处套管需要与结构专业配合预留，预留套管尺寸样式可以参见剖面详图。

注：

1. 动力配电线路和照明配电干线，采用 YJV-1kV 电缆，照明支线采用 BV-500 绝缘导线。
2. 各种风机、泵等用电设备的配电线路总出线口位置应配合设备专业图纸。
3. 各防火阀和排烟阀与消防风机直接联锁控制，采用 NH-BV2×1.0/SC20/CC 引到消防风机控制箱。
4. 强、弱电金属封闭线槽下皮距地 3100 mm 板下吊装，与设备管道交叉时视实际情况局部抬高或降低。
5. 入户管应做好防水处理，做法参见《穿墙密闭套管》92DQ5-4。

图 7-11　14 号楼地下一层电力平面图

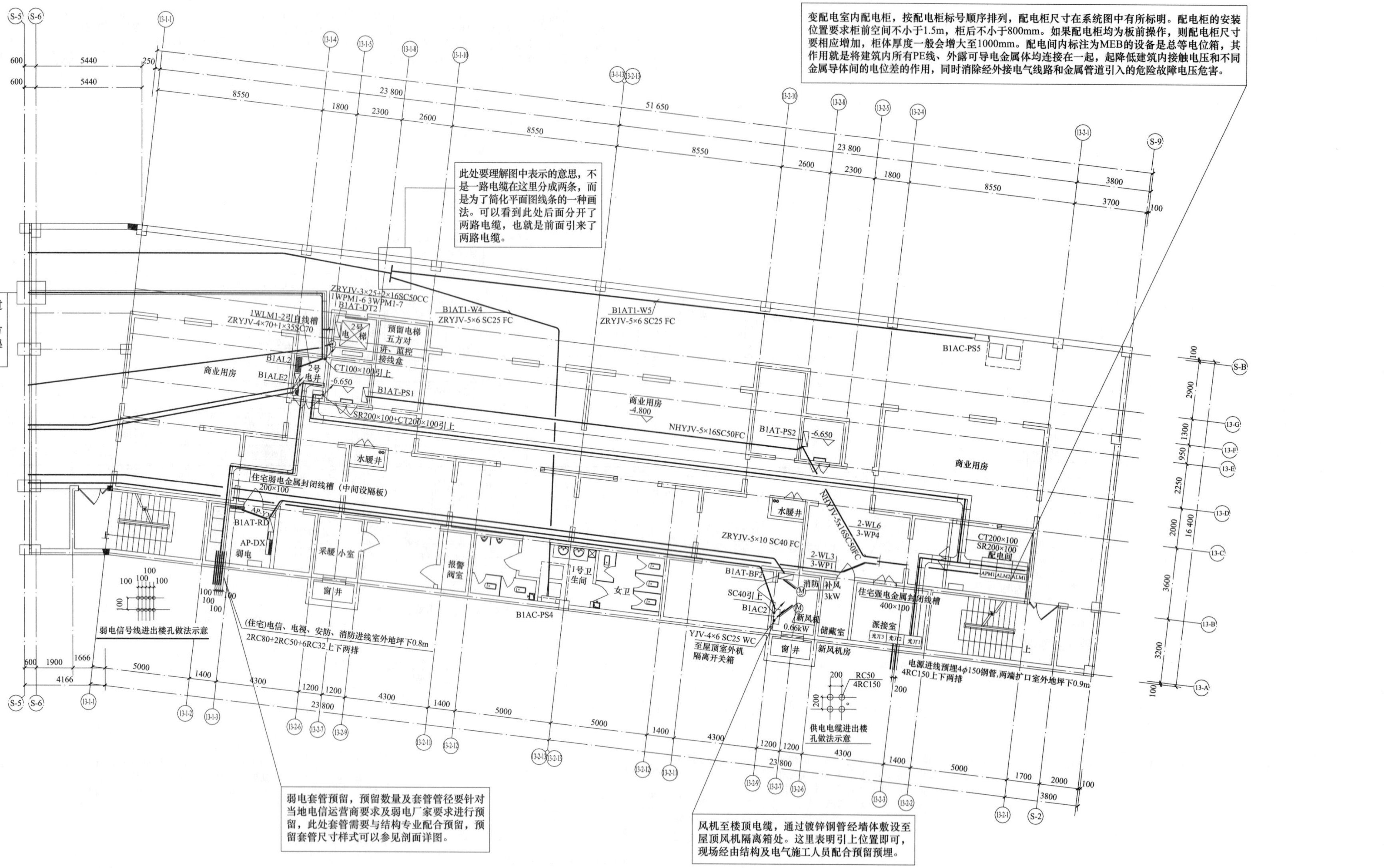
变配电室内配电柜，按配电柜标号顺序排列，配电柜尺寸在系统图中有所标明。配电柜的安装位置要求柜前空间不小于1.5m，柜后不小于800mm。如果配电柜均为板前操作，则配电柜尺寸要相应增加，柜体厚度一般会增大至1000mm。配电间内标注为MEB的设备是总等电位箱，其作用就是将建筑内所有PE线、外露可导电金属体均连接在一起，起降低建筑内接触电压和不同金属导体间的电位差的作用，同时消除经外接电气线路和金属管道引入的危险故障电压危害。
此处要理解图中表示的意思，不是一路电缆在这里分成两条，而是为了简化平面图线条的一种画法。可以看到此处后面分开了两路电缆，也就是前面引来了两路电缆。
此处线槽通过了建筑伸缩缝，这里的安装方式详见图集96D301-1。
弱电信号线进出楼孔做法示意
(住宅)电信、电视、安防、消防进线室外地坪下0.8m
2RC80+2RC50+6RC32上下两排
电源进线预埋4φ150钢管,两端扩口室外地坪下0.9m
4RC150上下两排
供电电缆进出楼孔做法示意
弱电套管预留，预留数量及套管管径要针对当地电信运营商要求及弱电厂家要求进行预留，此处套管需要与结构专业配合预留，预留套管尺寸样式可以参见剖面详图。
风机至楼顶电缆，通过镀锌钢管经墙体敷设至屋顶风机隔离箱处。这里表明引上位置即可，现场经由结构及电气施工人员配合预留预埋。

注：

1. 动力配电线路和照明配电干线，采用 YJV-1kV 电缆，照明支线采用 BV-500 绝缘导线。
2. 各种风机、泵等用电设备的配电线路出线口位置应配合设备专业图纸。
3. 各防火阀和排烟阀与消防风机直接联锁控制，采用 NH-B2×1.0/SC20/CC 引至消防风机控制箱。
4. 强、弱电金属封闭线槽下皮距地 3100mm 板下吊装，与设备管道交叉时视实际情况局部抬高或降低。
5. 入户管应做好防水处理，做法参见《穿墙密封套管》92DQ5-4。

图 7-12　13 号楼地下一层电力平面图

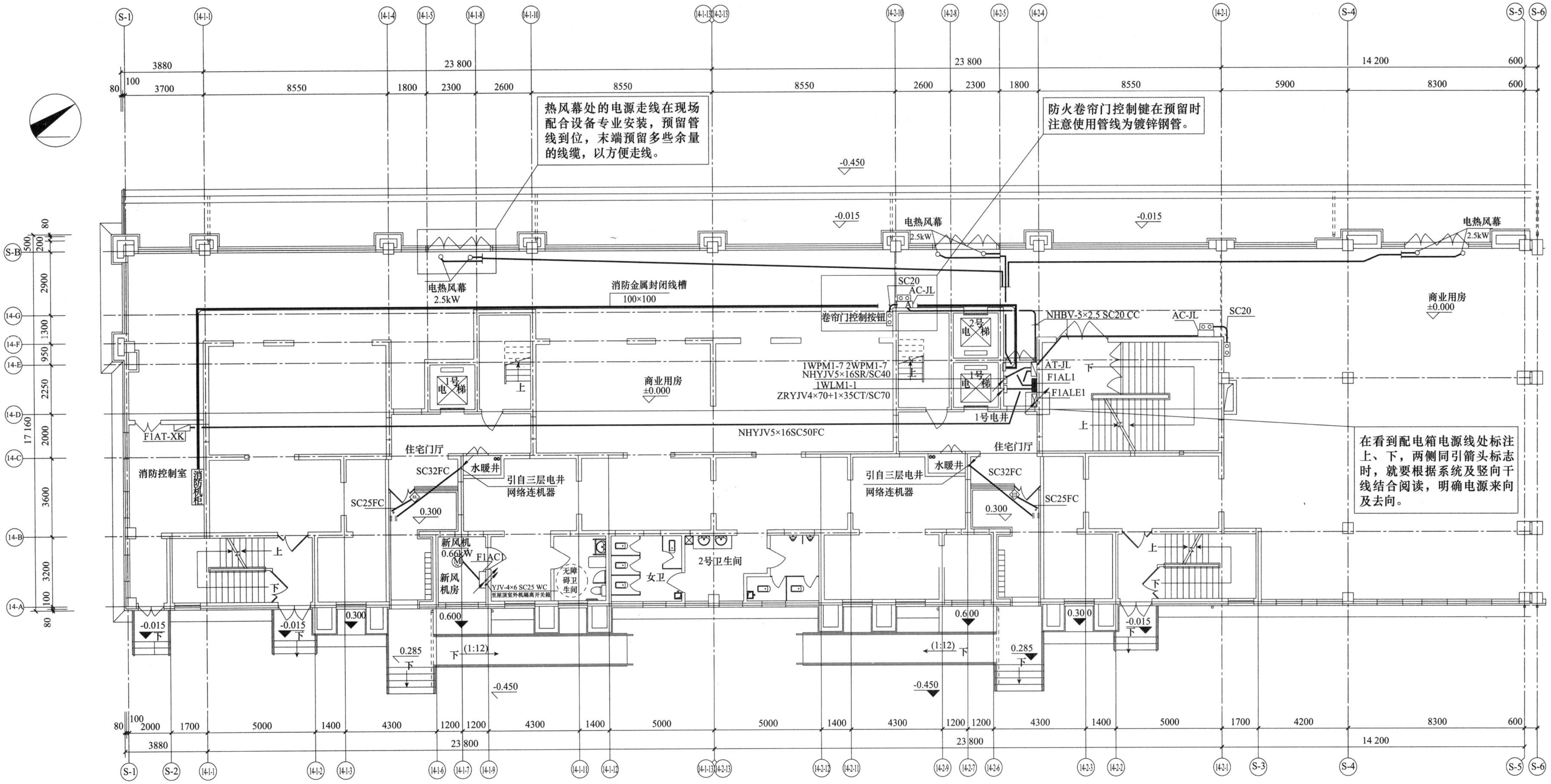

注：

1. 动力配电线路和照明配电干线，采用 YJV-1kV 电缆，照明支线采用 BV-500 绝缘导线。
2. 各种风机、泵等用电设备的配电线路出线口位置应配合设备专业图纸。
3. 各防火阀和排烟阀与消防风机直接连锁控制，采用 NH-BV2×1.0/SC20/CC 引至消防风机控制箱。
4. 强、弱电金属封闭线槽下皮距地 3100mm 板下吊装，与设备管道交叉时视实际情况局部抬高或降低。
5. 入户管应做好防水处理，做法参见《建筑工程电气安装图集》92DQ5-4。

图 7-13　14 号楼首层电力平面图

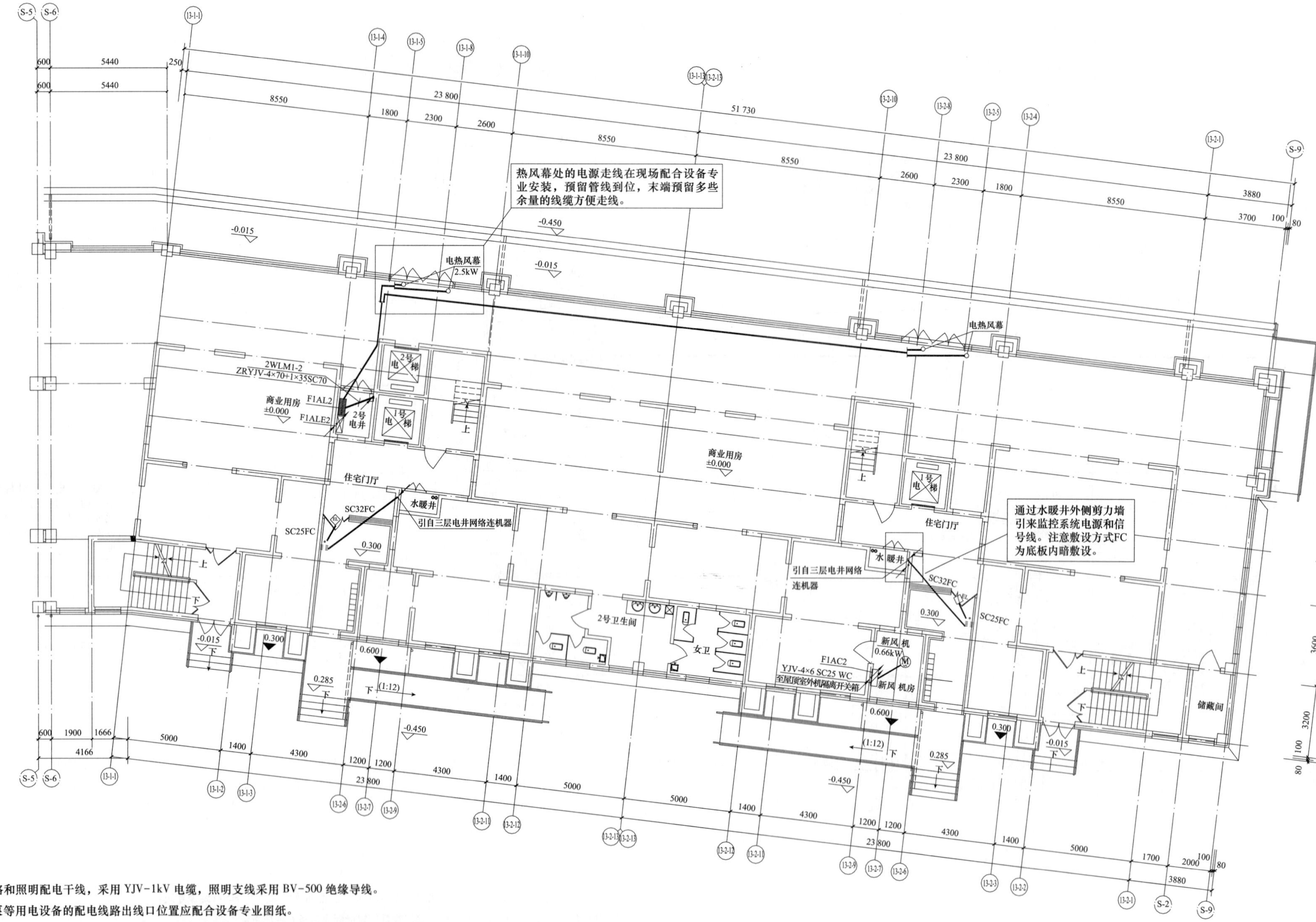

注：

1. 动力配电线路和照明配电干线，采用 YJV-1kV 电缆，照明支线采用 BV-500 绝缘导线。
2. 各种风机、泵等用电设备的配电线路出线口位置应配合设备专业图纸。
3. 各防火阀和排烟阀与消防风机直接联锁控制，采用 NH-B2×1.0/SC20/CC 引至消防风机控制箱。
4. 强、弱电金属封闭线槽下皮距地 3100mm 板下吊装，与设备管道交叉时视实际情况局部抬高或降低。
5. 入户管应做好防水处理，做法参见《建筑工程电气安装图集》92DQ5-4。

图 7-14　13 号楼首层电力平面图

图中位置标示的情况是桥架或线槽在无直通电井时通过顶板开洞向上敷设。在施工图中可以对照结构专业的预留孔洞图进行施工，在设计阶段电气专业会将孔洞尺寸提供给结构专业进行孔洞预留并标注详细尺寸。

弱电间安装的线槽标注为金属密闭线槽,内设隔板，要注意的是这个线槽按照最高负荷等级线路选择，因内部敷设了火灾自动报警系统线路，所以选用了金属密闭线槽。同时加设隔板将其他弱电系统线缆分隔开。这种方式适用于安装控件紧张或线路较少不需分设线槽的情况。

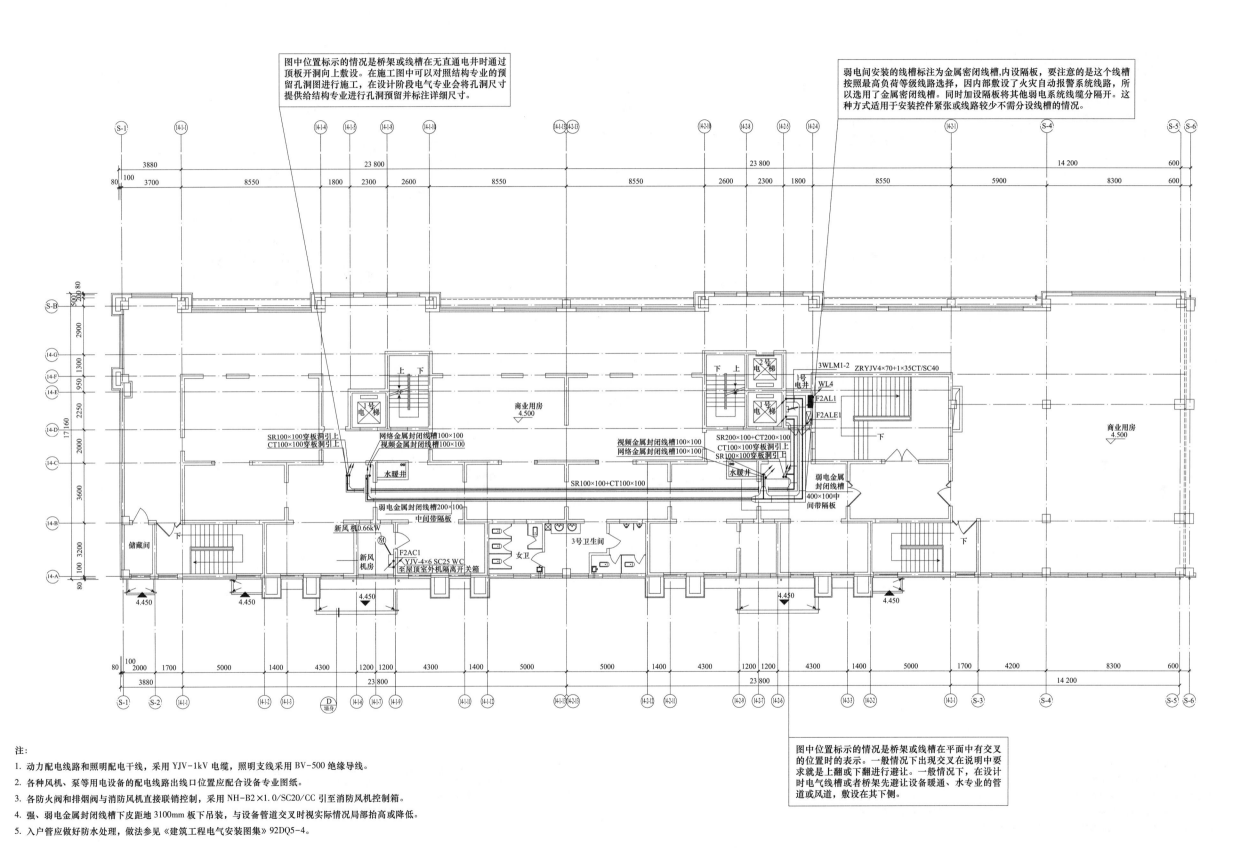

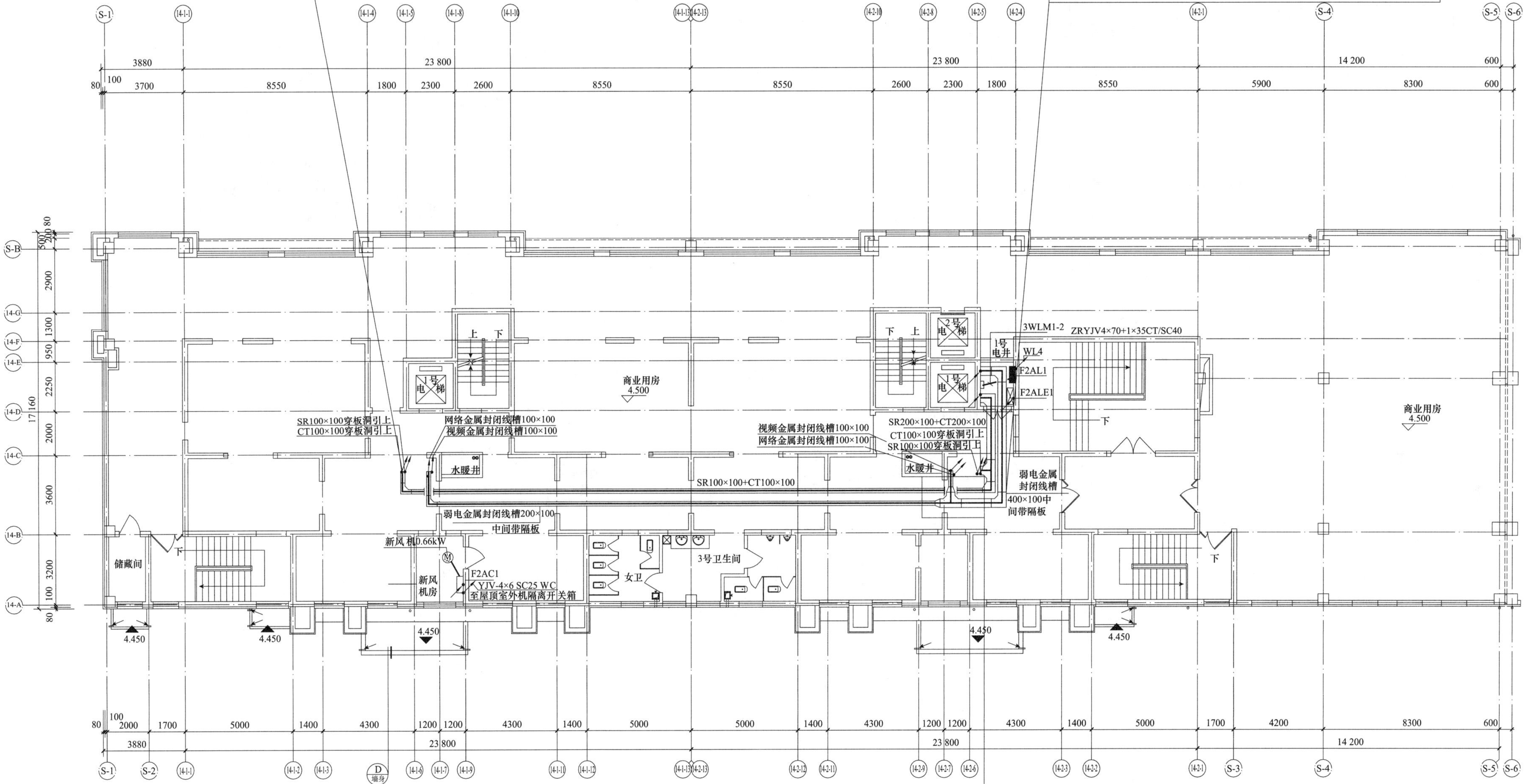

图中位置标示的情况是桥架或线槽在平面中有交叉的位置时的表示。一般情况下出现交叉在说明中要求就是上翻或下翻进行避让。一般情况下，在设计时电气线槽或者桥架先避让设备暖通、水专业的管道或风道，敷设在其下侧。

注：

1. 动力配电线路和照明配电干线，采用 YJV-1kV 电缆，照明支线采用 BV-500 绝缘导线。
2. 各种风机、泵等用电设备的配电线路出线口位置应配合设备专业图纸。
3. 各防火阀和排烟阀与消防风机直接联锁控制，采用 NH-B2×1.0/SC20/CC 引至消防风机控制箱。
4. 强、弱电金属封闭线槽下皮距地 3100mm 板下吊装，与设备管道交叉时视实际情况局部抬高或降低。
5. 入户管应做好防水处理，做法参见《建筑工程电气安装图集》92DQ5-4。

图 7-15　14 号楼二层电力平面图

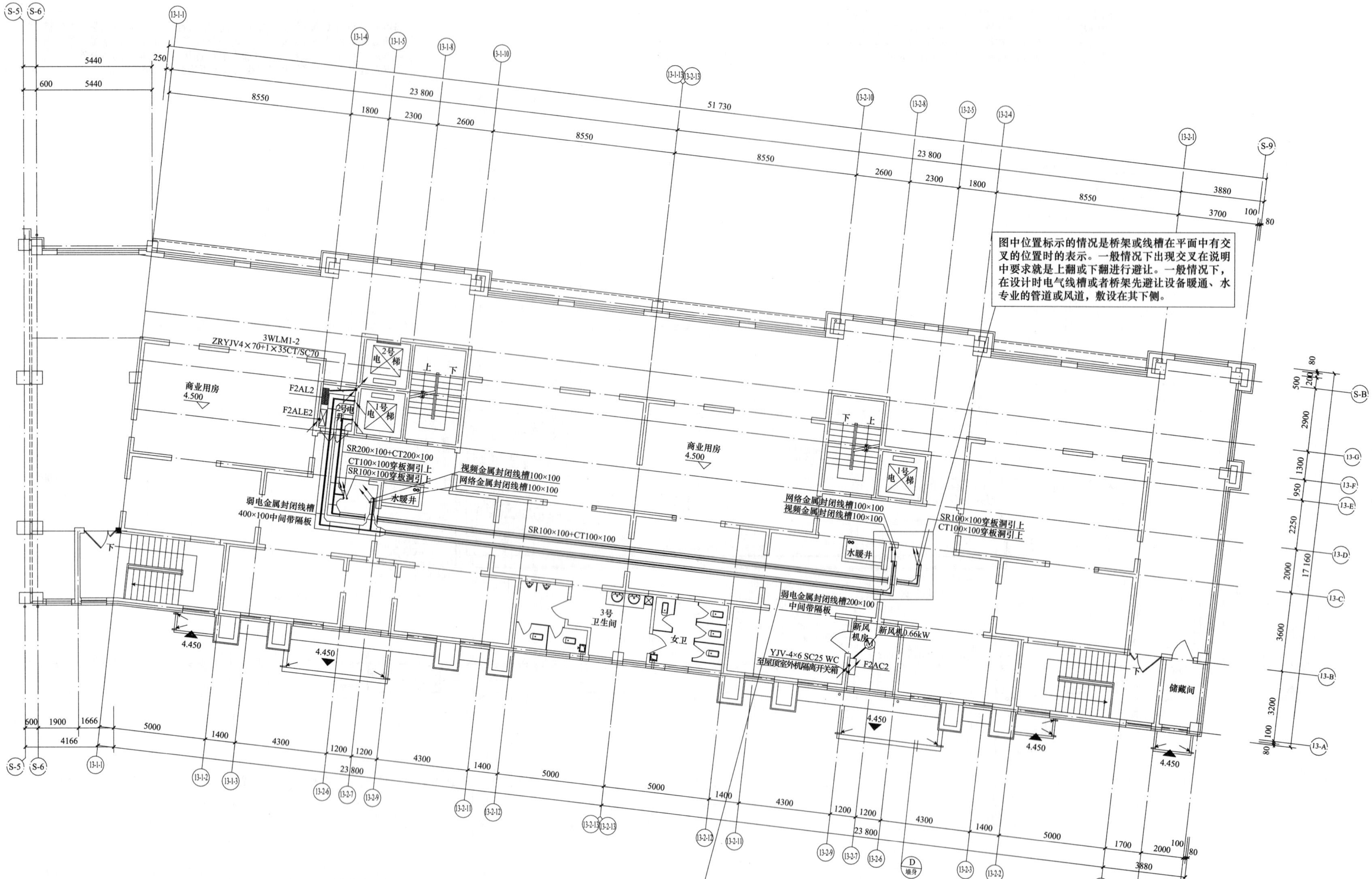

注：

1. 动力配电线路和照明配电干线，采用 YJV-1kV 电缆，照明支线采用 BV-500 绝缘导线。
2. 各种风机、泵等用电设备的配电线路出线口位置应配合设备专业图纸。
3. 各防火阀和排烟阀与消防风机直接联销控制，采用 NH-B2×1.0/SC20/CC 引至消防风机控制箱。
4. 强、弱电金属封闭线槽下皮距地 3100mm 板下吊装，与设备管道交叉时视实际情况局部抬高或降低。
5. 入户管应做好防水处理，做法参见《建筑工程电气安装图集》92DQ5-4。

图 7-16　13 号楼二层电力平面图

VRV空调室外机位置在电气施工图中仅做示意性标注，在实际施工中电气专业配合暖通专业进行设备安装，电气专业将供电电缆按照系统图要求敷设方式敷至VRV基础附近，预留线缆。

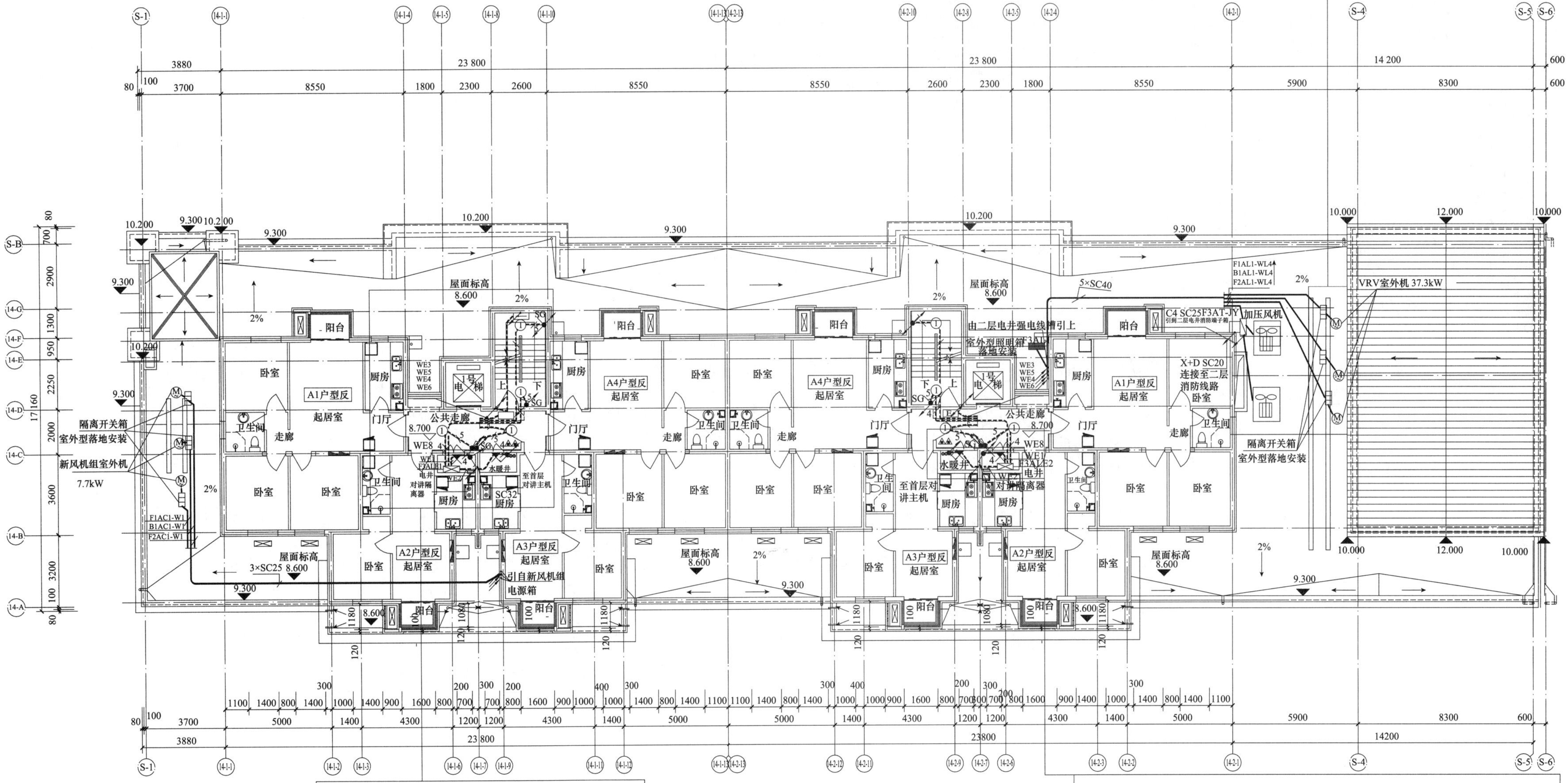

可以看到三层应急照明配电线路在楼梯间位置向上向下做了双侧引线，向下引线就是为了首层、二层夹带，在商业部分中为住宅疏散楼梯间应急照明灯具使用。注意疏散指示和应急照明通过不同回路供电，不要误认为是同一回路。

楼梯走道及楼梯间照明回路上标注了各个部分所需要的导线根数，这些数字是根据控制方式及控制原理决定的，如下图所示。

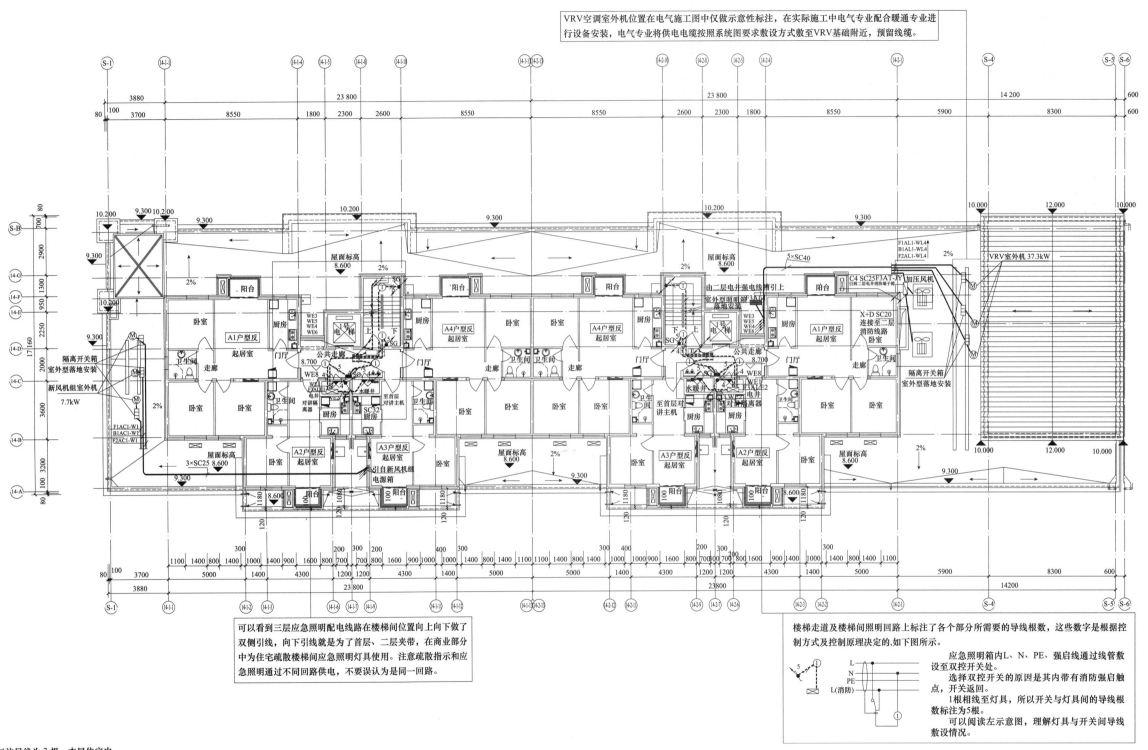

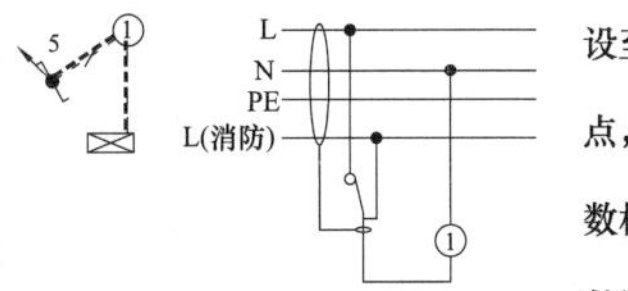

应急照明箱内L、N、PE、强启线通过线管敷设至双控开关处。

选择双控开关的原因是其内带有消防强启触点，开关返回。

1根相线至灯具，所以开关与灯具间的导线根数标注为5根。

可以阅读左示意图，理解灯具与开关间导线敷设情况。

注：未标注导线为3根，本层住宅内弱电及消防报警系统同标准层。

图7-17　14号楼三层电气平面图

VRV空调室外机位置在电气施工图中仅做示意性标注，在实际施工中电气专业配合暖通专业进行设备安装，电气专业将供电电缆按照系统图要求敷设方式敷至VRV基础附近，预留线缆。

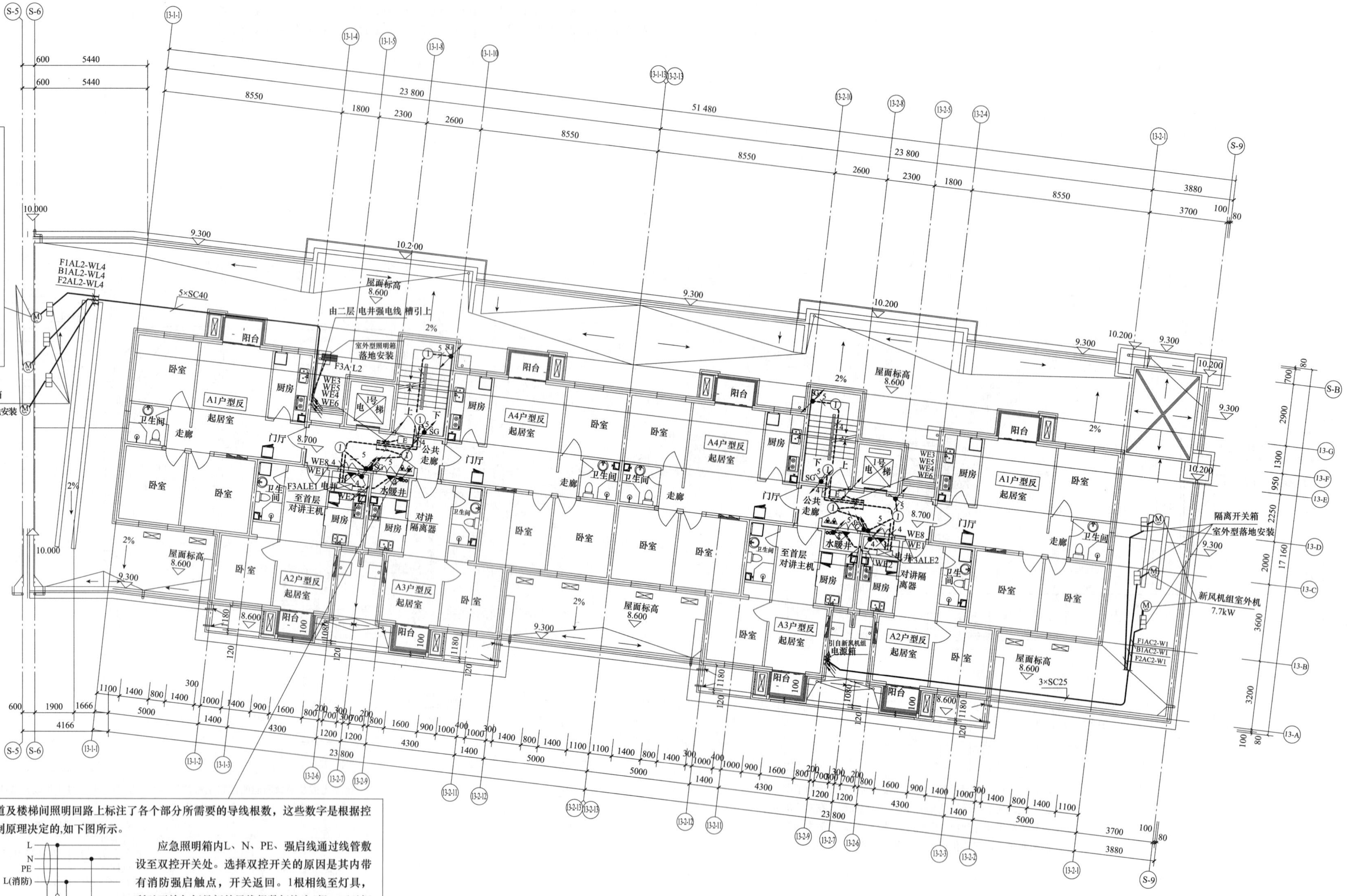

楼梯走道及楼梯间照明回路上标注了各个部分所需要的导线根数，这些数字是根据控制方式及控制原理决定的,如下图所示。

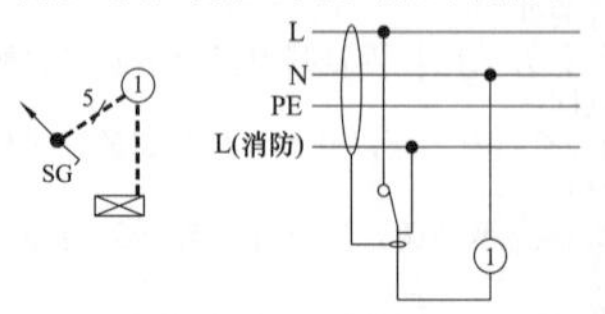

应急照明箱内L、N、PE、强启线通过线管敷设至双控开关处。选择双控开关的原因是其内带有消防强启触点，开关返回。1根相线至灯具，所以开关与灯具间的导线根数标注为5根。可以阅读左示意图，理解灯具与开关间导线敷设情况。

注：未标注导线为3根。

本层住宅内弱电及消防报警系统同标准层。

图 7-18 13 号楼三层电气平面图

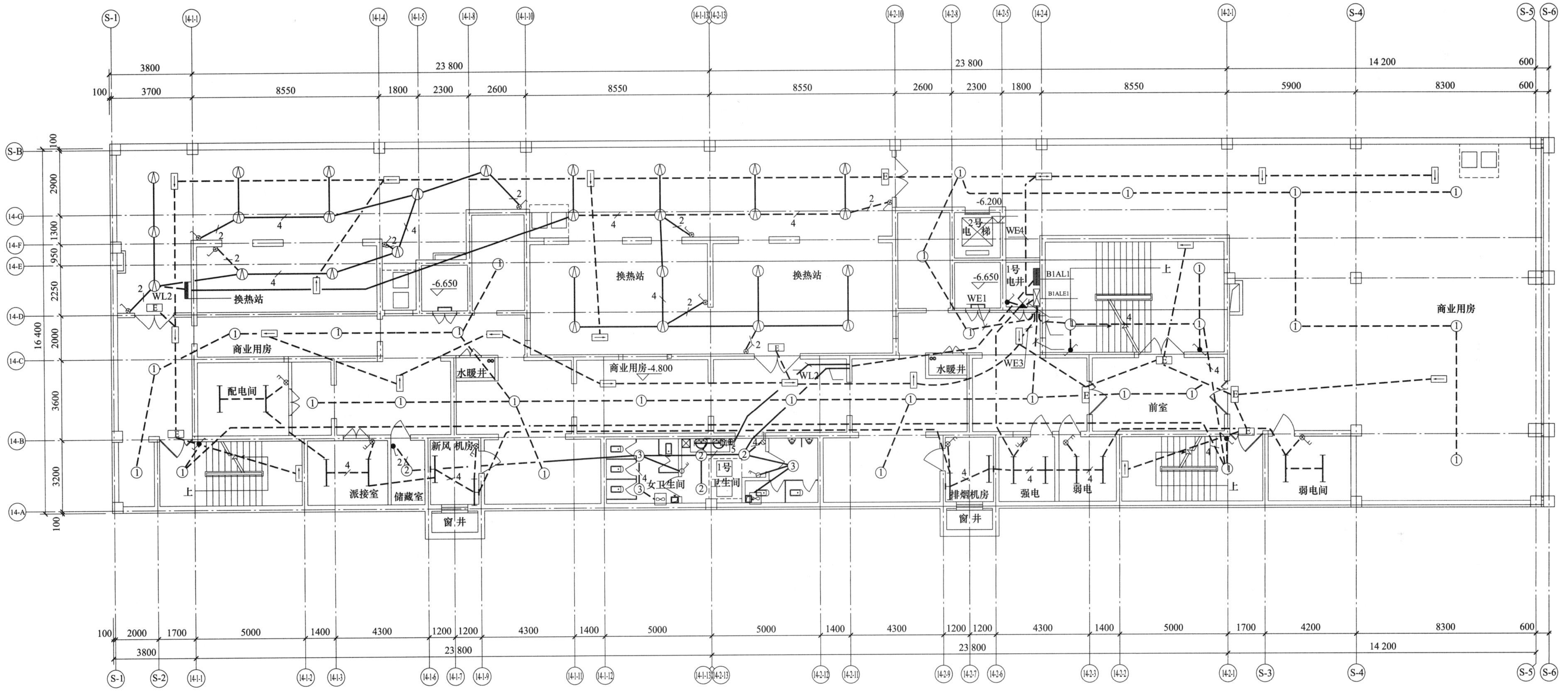

导读

照明平面图中的内容并不难读懂，只需要看清每一路照明回路所连接的灯具，然后对照开关与灯具的控制关系即可。

1. 本平面图中，除了确定用途的功能用房间和配电间，其余位置的照明都是由配电箱里的断路器作为控制开关。这种控制方式也是在其他房间未确定用途时设计的，二次深化设计后增设开关即可。

2. 图纸中除了卫生间、储藏室、换热站设置了普通照明外，其余回路均为应急照明回路，回路管线内为4根导线，这个需要注意。疏散指示灯回路为3根导线。

3. 无特殊标注的地方，一般照明回路所使用金属管均提前暗敷于顶板内，灯具位置预留接线盒。

图7-19　14号楼地下一层照明平面图

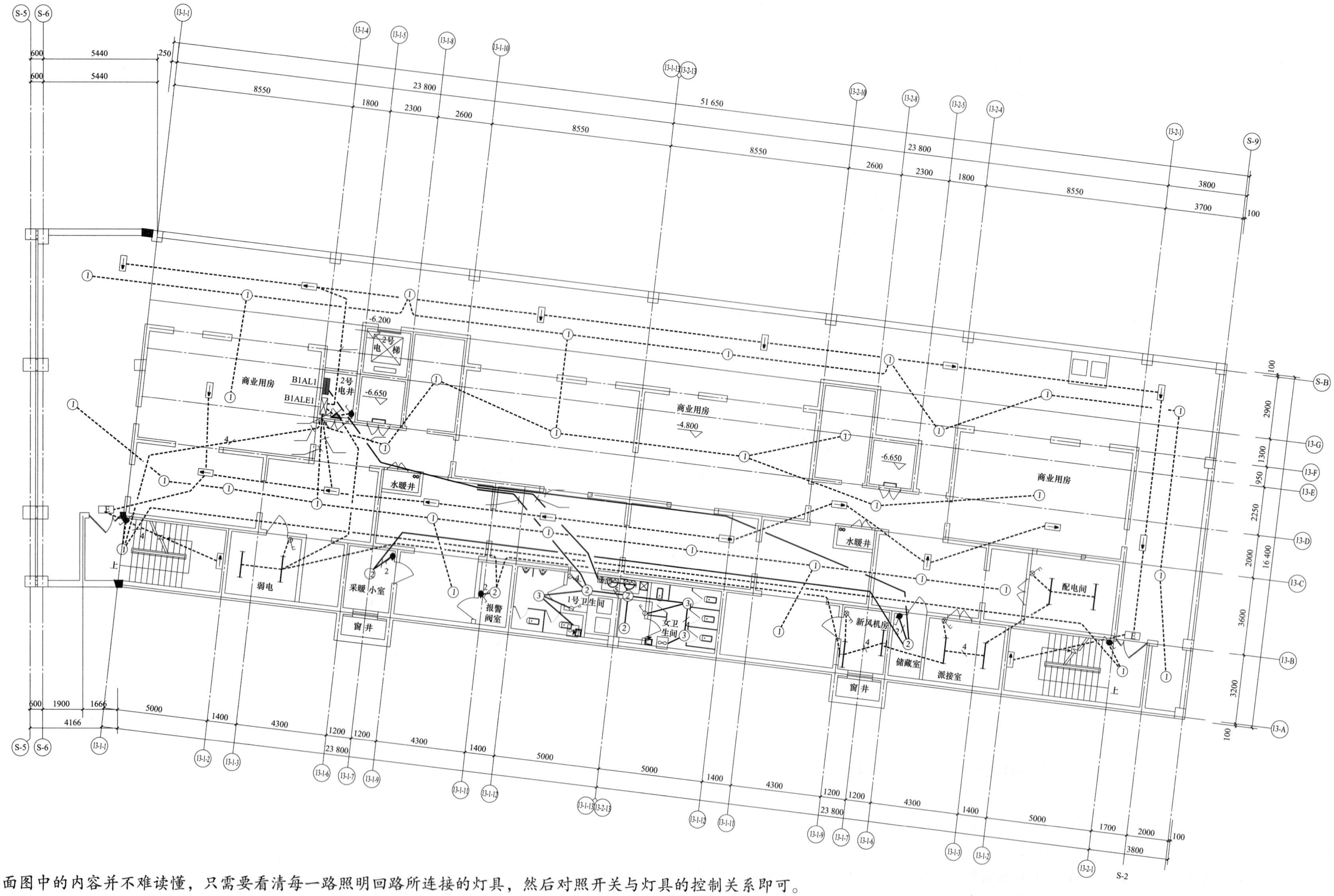

导读

照明平面图中的内容并不难读懂，只需要看清每一路照明回路所连接的灯具，然后对照开关与灯具的控制关系即可。

1. 本平面图中，除了确定用途的功能用房间和配电间，其余位置的照明都是由配电箱里的断路器作为控制开关。这种控制方式也是在其他房间未确定用途时设计的，二次深化设计后增设开关即可。
2. 图纸中除了卫生间、储藏室、换热站设置了普通照明外，其余回路均为应急照明回路，回路管线内为 4 根导线，这个需要注意。疏散指示灯回路为 3 根导线。
3. 无特殊标注的地方，一般照明回路所使用金属管均提前暗敷于顶板内，灯具位置预留接线盒。

图 7-20　13 号楼地下一层照明平面图

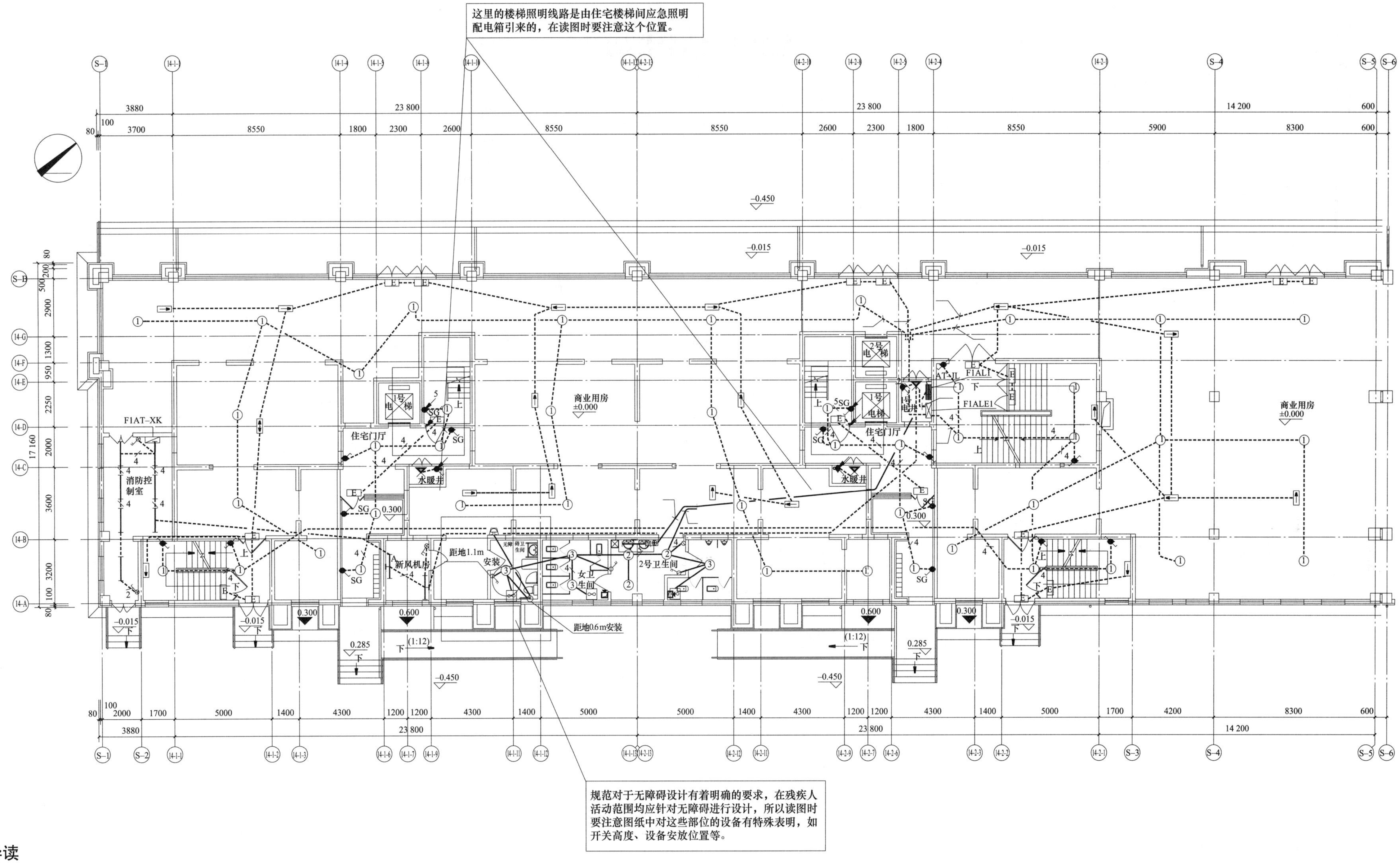
这里的楼梯照明线路是由住宅楼梯间应急照明配电箱引来的，在读图时要注意这个位置。
规范对于无障碍设计有着明确的要求，在残疾人活动范围均应针对无障碍进行设计，所以读图时要注意图纸中对这些部位的设备有特殊表明，如开关高度、设备安放位置等。
商业用房
±0.000
F1AT-XK
消防控制室
住宅门厅
1号电梯
2号电梯
水暖井
新风机房
距地1.1m安装
女卫生间
2号卫生间
距地0.6m安装
F1AL1
F1ALE1
AT-JL

导读

照明平面图中的内容并不难读懂，只需要看清每一路照明回路所连接的灯具，然后对照开关与灯具的控制关系即可。

1. 本平面图中，除了确定用途的功能用房间和配电间，其余位置的照明都是由配电箱里的断路器作为控制开关。这种控制方式也是在其他房间未确定用途时设计的，二次深化设计后增设开关即可。
2. 图纸中除了卫生间、储藏室、换热站设置了普通照明外，其余回路均为应急照明回路，回路管线内为4根导线，这个需要注意。疏散指示灯回路为3根导线。
3. 无特殊标注的地方，一般照明回路所使用金属管均提前暗敷于顶板内，灯具位置预留接线盒。

图 7-21　14号楼首层照明平面图

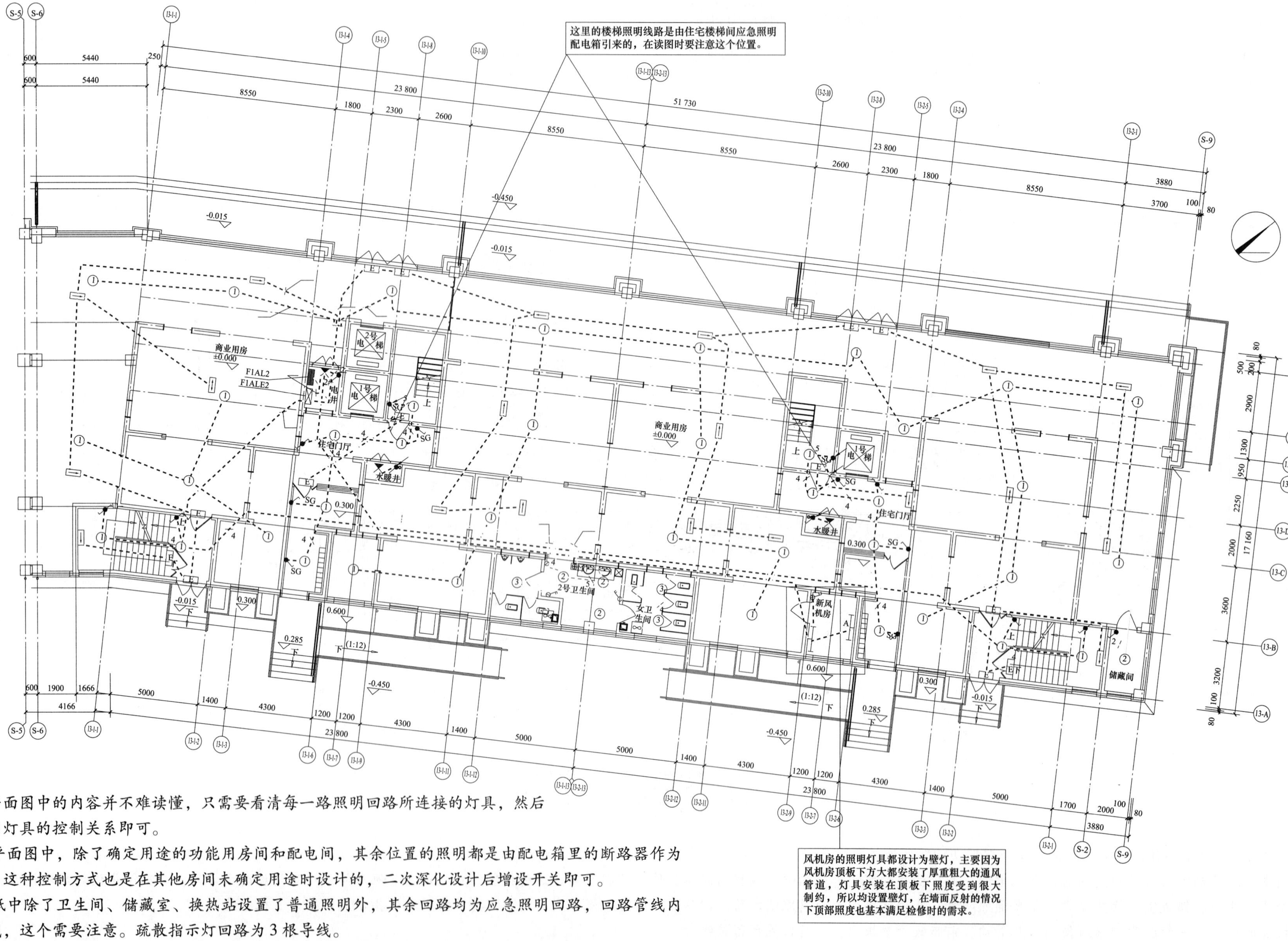
这里的楼梯照明线路是由住宅楼梯间应急照明配电箱引来的，在读图时要注意这个位置。
风机房的照明灯具都设计为壁灯，主要因为风机房顶板下方大都安装了厚重粗大的通风管道，灯具安装在顶板下照度受到很大制约，所以均设置壁灯，在墙面反射的情况下顶部照度也基本满足检修时的需求。
商业用房
±0.000
F1AL2
F1ALE2
住宅门厅
水暖井
2号卫生间
女卫生间
新风机房
储藏间

导读

照明平面图中的内容并不难读懂，只需要看清每一路照明回路所连接的灯具，然后对照开关与灯具的控制关系即可。

1. 本平面图中，除了确定用途的功能用房间和配电间，其余位置的照明都是由配电箱里的断路器作为控制开关。这种控制方式也是在其他房间未确定用途时设计的，二次深化设计后增设开关即可。

2. 图纸中除了卫生间、储藏室、换热站设置了普通照明外，其余回路均为应急照明回路，回路管线内为4根导线，这个需要注意。疏散指示灯回路为3根导线。

3. 无特殊标注的地方，一般照明回路所使用金属管均提前暗敷于顶板内，灯具位置预留接线盒。

图 7-22　13号楼首层照明平面图

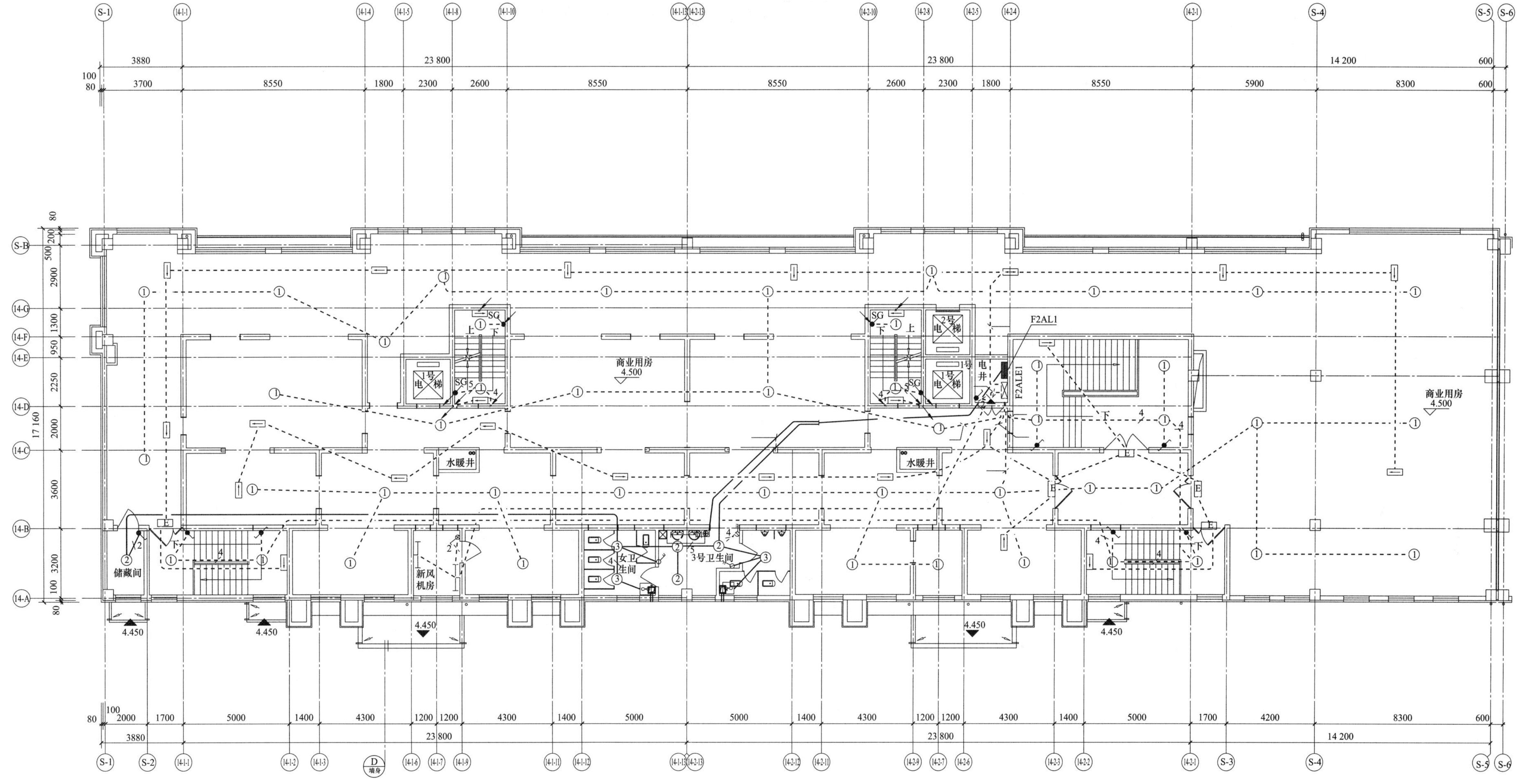

导读

照明平面图中的内容并不难读懂，只需要看清每一路照明回路所连接的灯具，然后对照开关与灯具的控制关系即可。

1. 本平面图中，除了确定用途的功能用房间和配电间，其余位置的照明都是由配电箱里的断路器作为控制开关。这种控制方式也是在其他房间未确定用途时设计的，二次深化设计后增设开关即可。
2. 图纸中除了卫生间、储藏室、换热站设置了普通照明外，其余回路均为应急照明回路，回路管线内为 4 根导线，这个需要注意。疏散指示灯回路为 3 根导线。
3. 无特殊标注的地方，一般照明回路所使用金属管均提前暗敷于顶板内，灯具位置预留接线盒。

图 7-23　14 号楼二层照明平面图

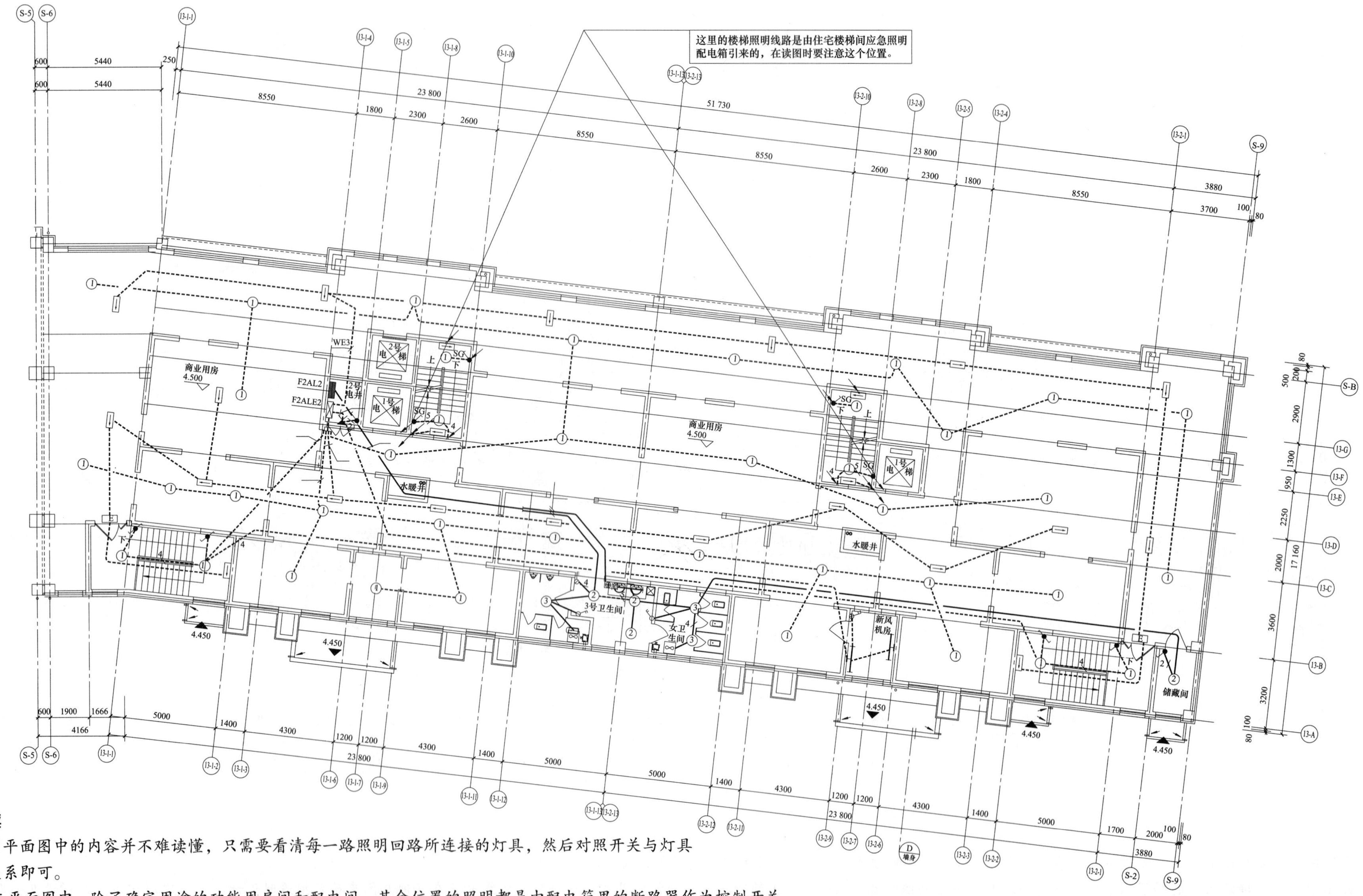

导读

照明平面图中的内容并不难读懂，只需要看清每一路照明回路所连接的灯具，然后对照开关与灯具的控制关系即可。

1. 本平面图中，除了确定用途的功能用房间和配电间，其余位置的照明都是由配电箱里的断路器作为控制开关。这种控制方式也是在其他房间未确定用途时设计的，二次深化设计后增设开关即可。

2. 图纸中除了卫生间、储藏室、换热站设置了普通照明外，其余回路均为应急照明回路，回路管线内为4根导线，这个需要注意。疏散指示灯回路为3根导线。

3. 无特殊标注的地方，一般照明回路所使用金属管均提前暗敷于顶板内，灯具位置预留接线盒。

图7-24　13号楼二层照明平面图

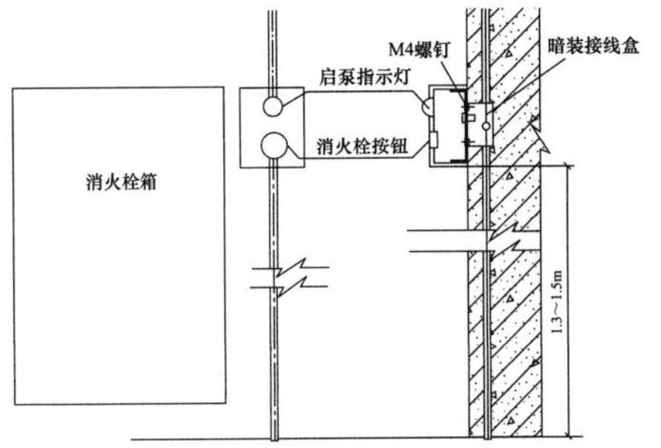

消火栓报警按钮示意，在《火灾自动报警系统设计规范》(GB 50116—2013) 中将消火栓直启线合并到系统二总线内。

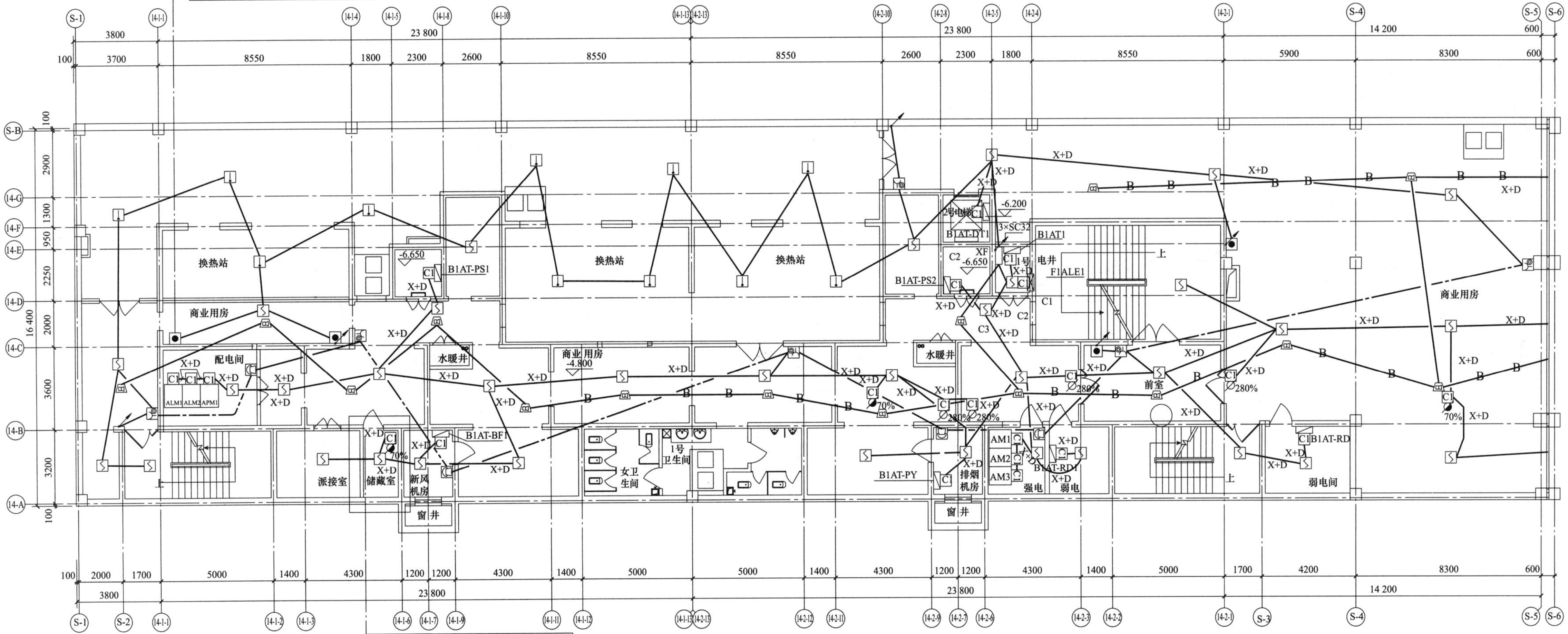

消防风机与风管防火阀间的联动（见表10-2），与设备专业配合安装。

导读

阅读本施工图需要注意几个要点：

1. 换热站位置选择的探测器为感温探测器，要注意图示图例，不要都认为是感烟探测器。
2. 所有线路除特殊标注外，均为墙内或板内暗敷设，且面层不小于30mm。所有示意为明敷设的位置，均需要使用镀锌钢管外涂防火漆作为线管。
3. 系统总线与24V电源线为共管敷设。

仅列出商业部分地下一层的平面图，其余各层基本内容一致，不过多赘述。

图7-25　14号楼地下一层火灾自动报警平面图

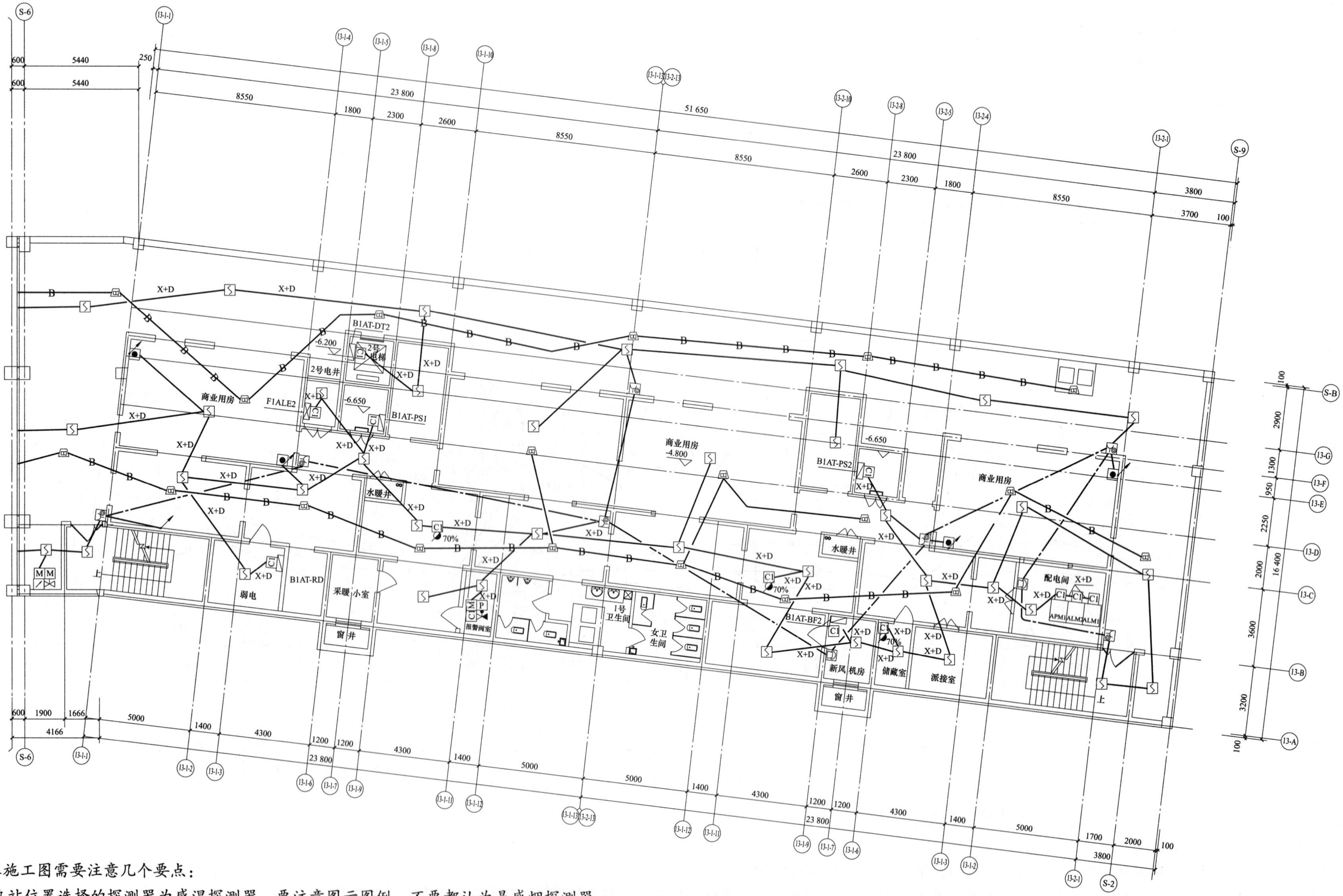

导读

阅读本施工图需要注意几个要点：

1. 换热站位置选择的探测器为感温探测器，要注意图示图例，不要都认为是感烟探测器。
2. 所有线路除特殊标注外，均为墙内或板内暗敷设，且面层不小于30mm。所有示意为明敷设的位置，均需要使用镀锌钢管外涂防火漆作为线管。
3. 系统总线与24V电源线为共管敷设。

图7-26　13号楼地下一层火灾自动报警平面图

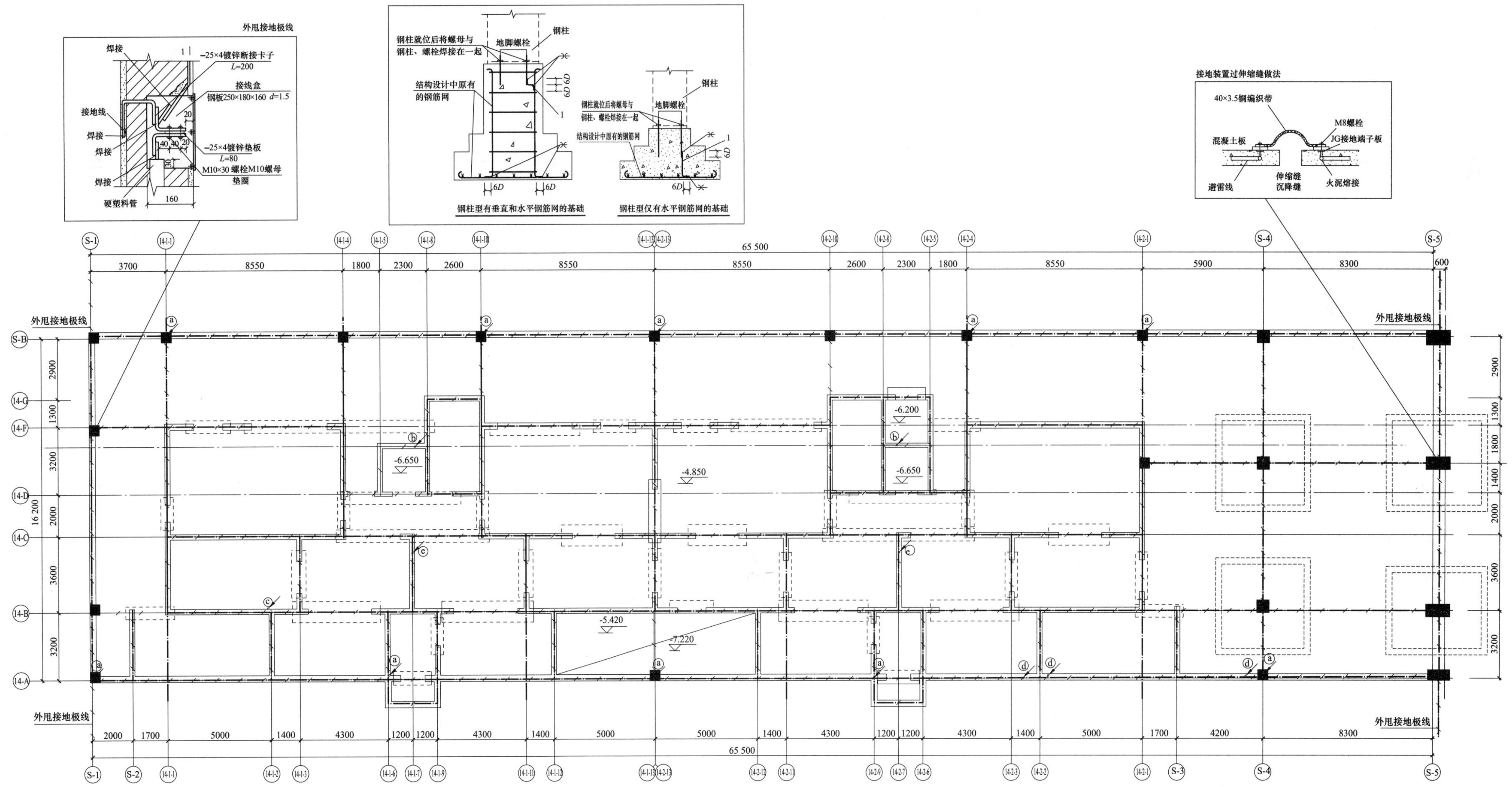

导读

1. 本工程按照第三类防雷建筑物设计防雷接地保护措施。本工程接地电阻值应小于1.0Ω。接地电阻如不够，则需打接地极。

2. 利用屋顶钢结构框架做接闪器，利用钢柱或混凝土柱内主筋做防雷引下线。防雷引下线、接闪器及接地装置应可靠焊接，引下线间距不大于25m。

3. 本工程防雷保护接地、安全保护（总等电位）接地、电气接地、弱电接地为一个共用接地体，均利用结构基础底板内钢筋作为接地装置。

4. 施工时应注意：作为引下线的对角主钢筋（2根以上）的连接及它和接地底板接地网钢筋（2根以上）的交接处均应可靠焊接，焊接的长度应大于钢筋直径的6倍，并应符合质量检验等部门的有关要求。

5. 外甩接地线采用40mm×4mm镀锌扁钢。埋地深度距室外地面不小于1m，接至护坡桩，外甩接地线应做好防锈防腐处理。

6. 有关施工做法参见建筑标准设计图集03D501系列及相关规程、规范。

7. 其他：ⓐ 为屋顶防雷接地引下线；ⓑ 为电梯机房接地LEB引下线；ⓒ 为配电室MEB接地引下线；ⓓ 为商业配电间及弱电机房接地LEB引下线；ⓔ 为电井接地LEB引下线。

图7-27　14号楼基础接地平面图

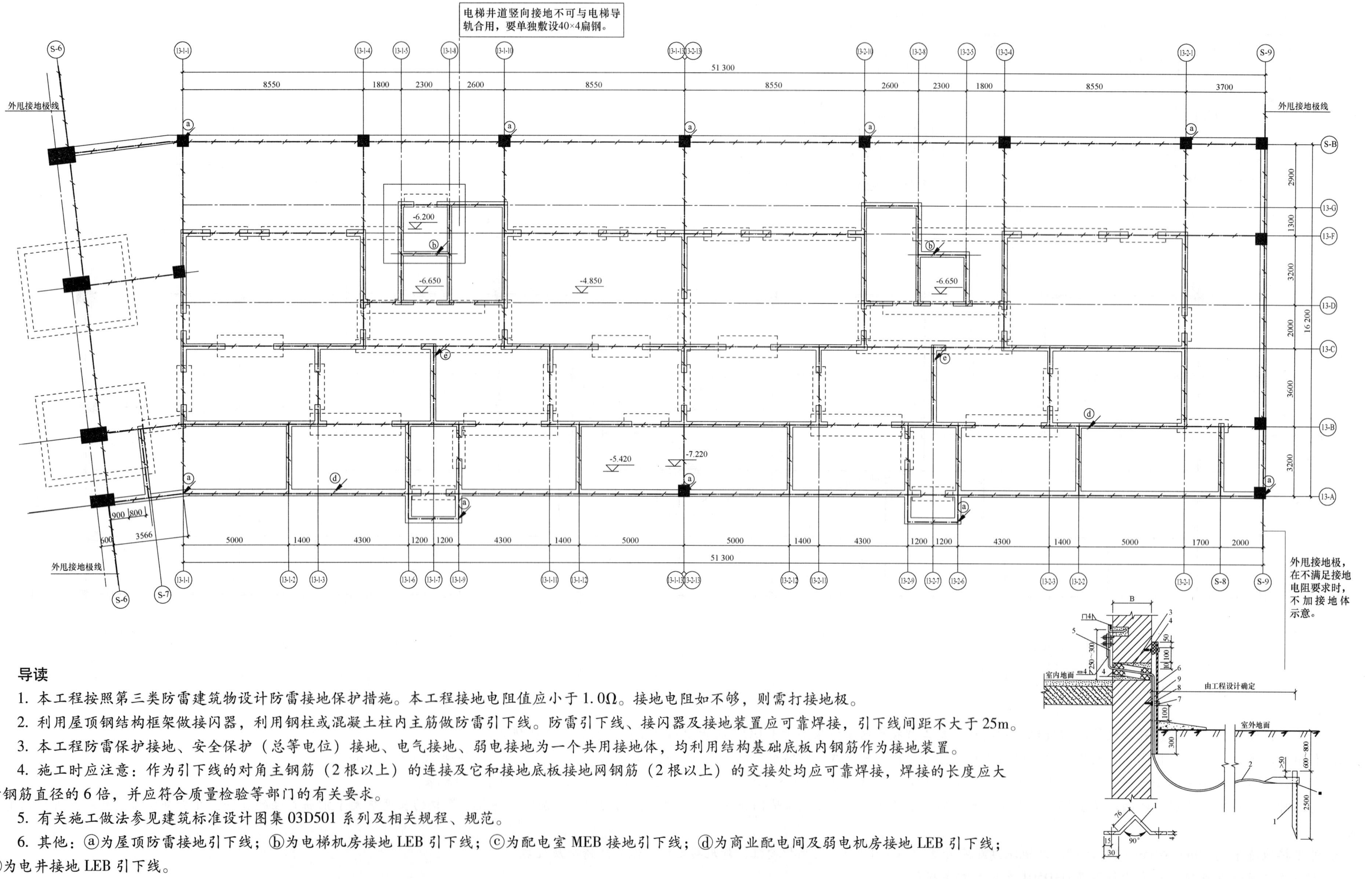

导读

1. 本工程按照第三类防雷建筑物设计防雷接地保护措施。本工程接地电阻值应小于1.0Ω。接地电阻如不够，则需打接地极。
2. 利用屋顶钢结构框架做接闪器，利用钢柱或混凝土柱内主筋做防雷引下线。防雷引下线、接闪器及接地装置应可靠焊接，引下线间距不大于25m。
3. 本工程防雷保护接地、安全保护（总等电位）接地、电气接地、弱电接地为一个共用接地体，均利用结构基础底板内钢筋作为接地装置。
4. 施工时应注意：作为引下线的对角主钢筋（2根以上）的连接及它和接地底板接地网钢筋（2根以上）的交接处均应可靠焊接，焊接的长度应大于钢筋直径的6倍，并应符合质量检验等部门的有关要求。
5. 有关施工做法参见建筑标准设计图集03D501系列及相关规程、规范。
6. 其他：ⓐ为屋顶防雷接地引下线；ⓑ为电梯机房接地LEB引下线；ⓒ为配电室MEB接地引下线；ⓓ为商业配电间及弱电机房接地LEB引下线；ⓔ为电井接地LEB引下线。

图7-28　13号楼基础接地平面图

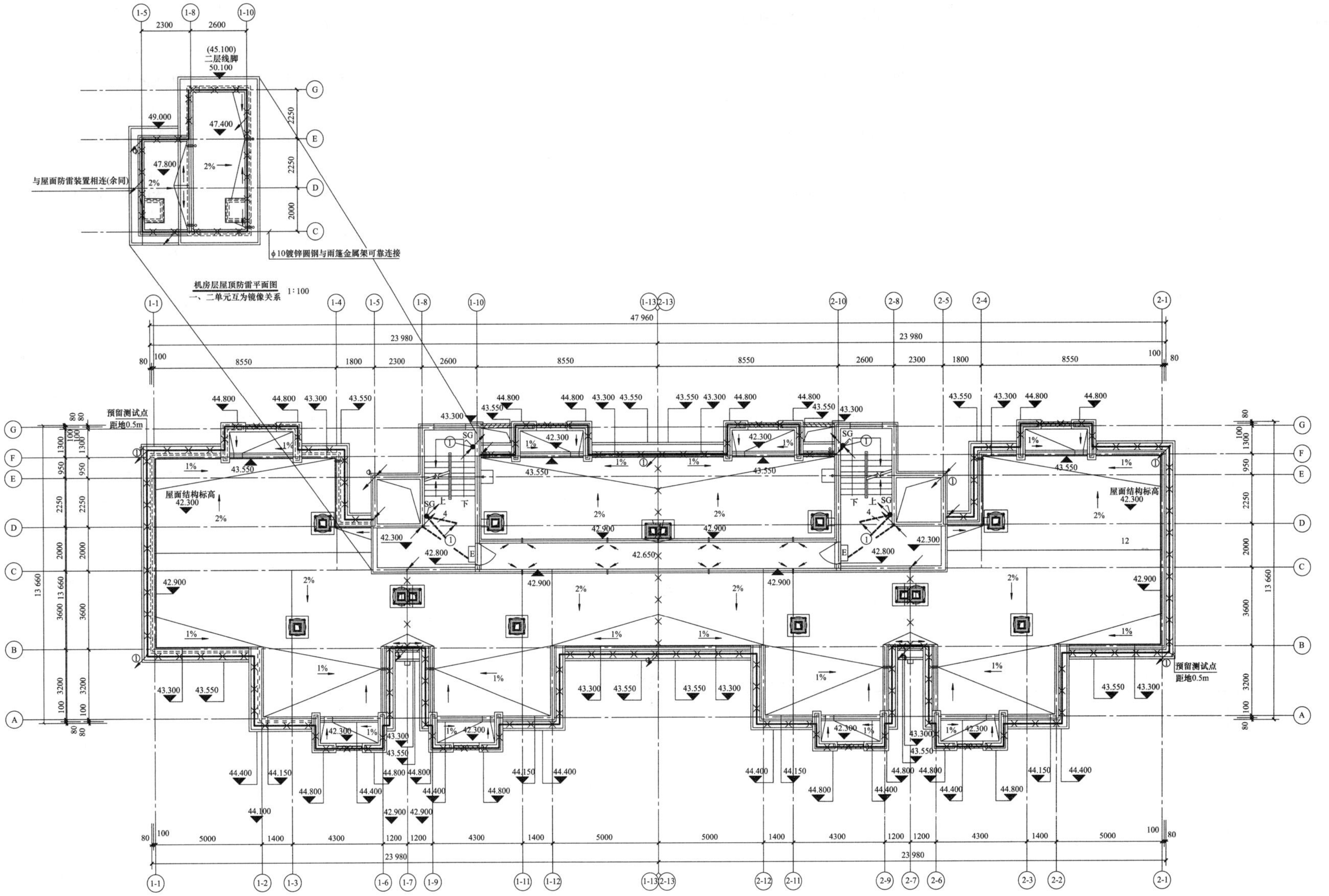

导读

1. 本建筑物为第三类防雷建筑物，屋顶外墙金属护栏作为接闪器，无护栏地方采用 ϕ10 镀锌圆钢接闪带，镀锌圆钢与外墙金属护栏可靠焊接连成电气通路，在屋面做不大于 20m×20m 或 24m×16m 的网格。金属护栏尺寸应符合《建筑物防雷设计规范》(GB 50057—2010) 第 4.1.1 条和第 4.1.2 条的规定，管壁厚度不小于 2.5mm。

2. 利用柱内主筋做引下线，引下线、接闪带及接地装置应可靠焊接，引下线间距不大于 25m。图中①表示引下线位置。引下线与外墙金属护栏可靠焊接。

3. 所有突出屋面的金属构筑物及金属管道均应与接闪带可靠焊接。在屋面接闪器保护范围之外的非金属物体应装接闪器，并和屋面防雷装置相连。

4. 在引下线上于距地面 0.5m 处设接地体连接板，可供测量用，连接板处应有明显标志。

5. 防雷做法详见 03D501，安装应严格遵循《建筑物防雷设计规范》(GB 50057—2010) 标准规定。

6. 施工时应注意：作为引下线的对角主钢筋（2 根以上）的连接及它和接地底板接地网钢筋（2 根以上）的交接处均应可靠焊接，焊接的长度应大于钢筋直径的 6 倍，并应符合质量检验等部门的有关要求。

图 7-29 顶层机房电气平面及屋顶防雷接地平面图

图 例	名 称	平时状态	控 制 方 式	安装位置	联动控制关系
□70℃	防火阀	常开	70°熔断器控制关闭，送出信号	空调通风风管中	同时关闭相关空调，通风机
□E 70℃	防火阀	常开	烟感报警后，24V电控关或70°温控关，送出信号	空调通风风管中	同时关闭相关空调，通风机
□280℃	防火阀	常开	280°熔断器控制关闭，送出信号	排烟风机房	阀门关闭后，控制关闭相关排烟风机
□280℃	防烟防火阀	常闭	烟感报警后，24V电控开，送出信号280°熔断器再控阀关闭	排烟竖井旁 排烟风口旁	阀打开的同时，开启相关排烟风机
□SE	排烟口	常闭	烟感报警后，24V电控开，送出信号	排烟风管中 或风口旁	阀打开的同时，开启相关排烟风机
□	增压送风口	常闭	烟感报警后，24V电控开，送出信号	消防电梯前室 楼梯前室 正压送风口	同时开启相关前室正压送风机

此表格列举了各防火阀与风机的联动控制关系，在施工图中需要电气专业和暖通专业配合，暖通专业提供各防火阀的种类及位置电气专业根据暖通专业提出的条件将对应的防火阀加入火灾自动报警系统，并将相应的控制电路体现至系统图中。

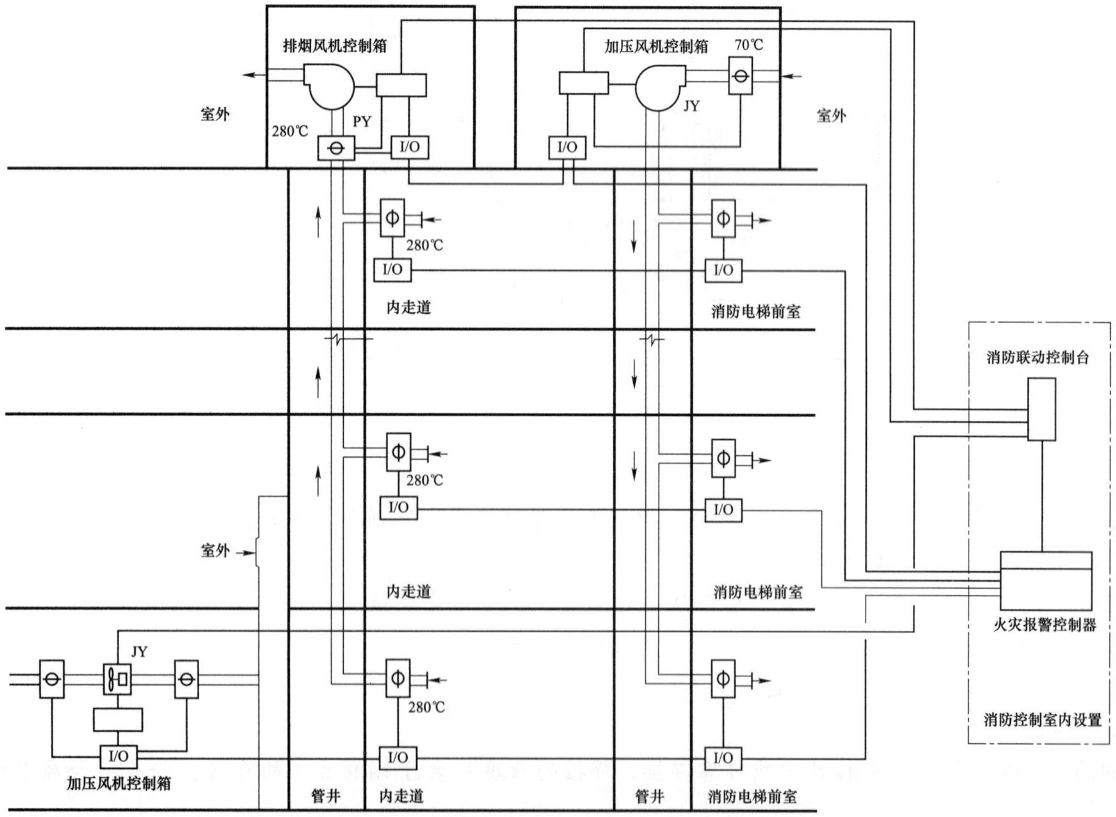

配合本页示意图，理解防火阀与风机的联动控制关系。

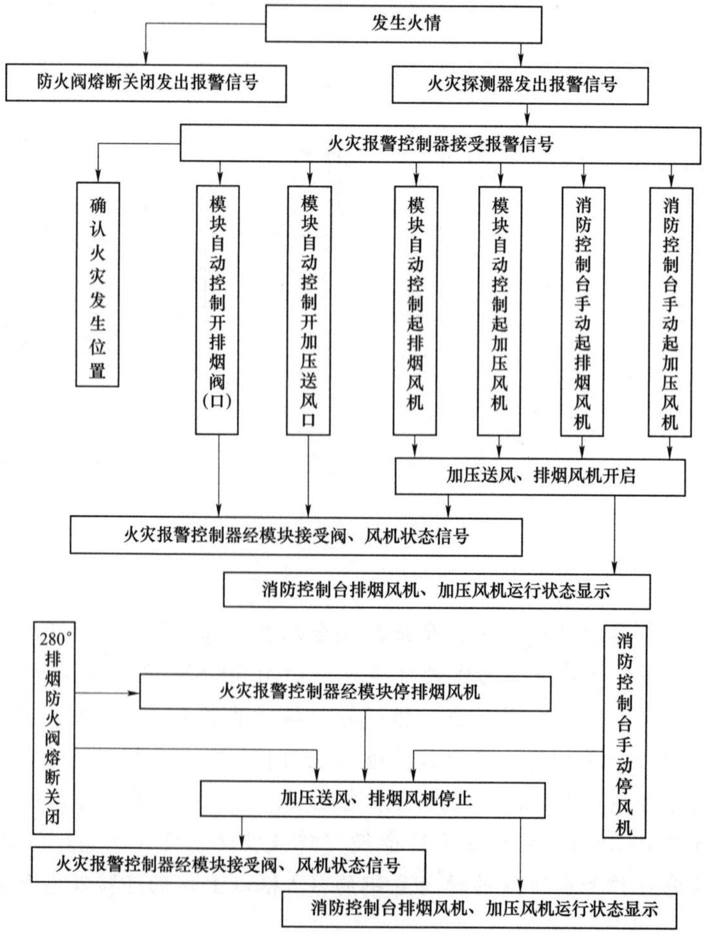

图7-30 各防火阀图例、控制方式及风机的联运控制关系

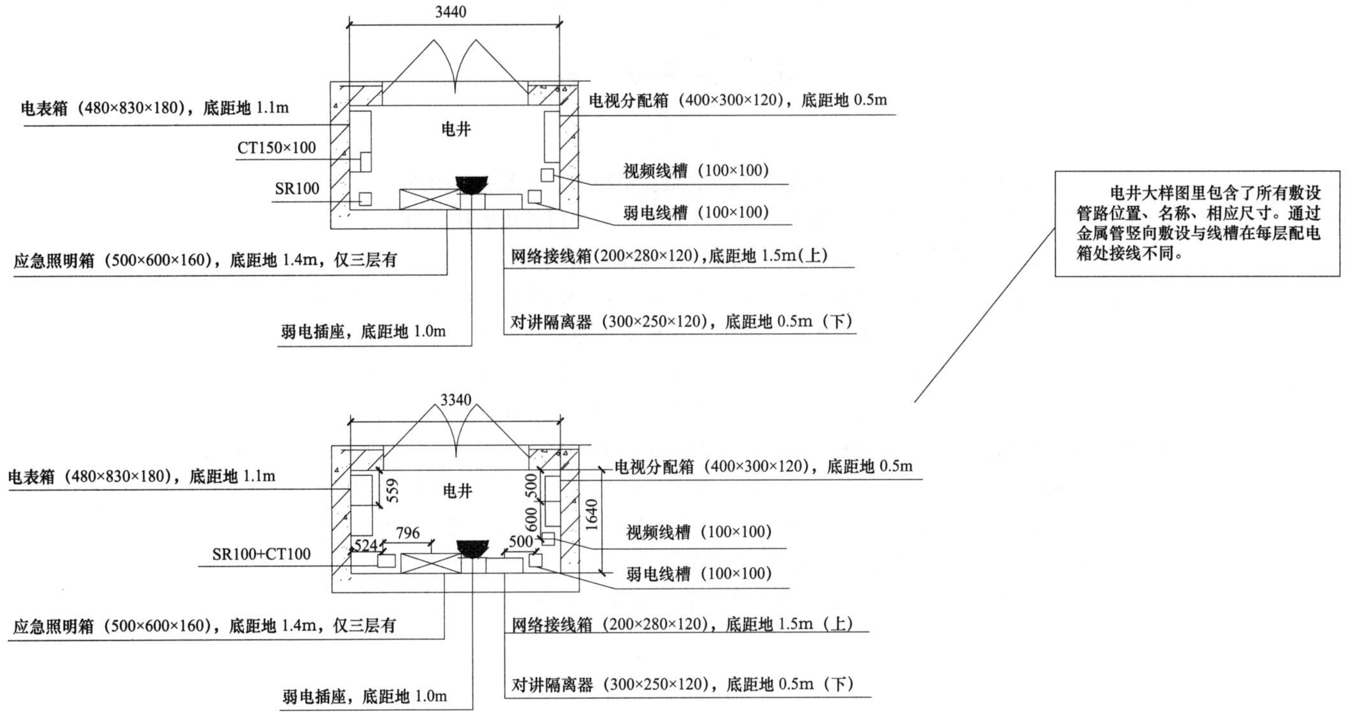

图 7-31 电井大样

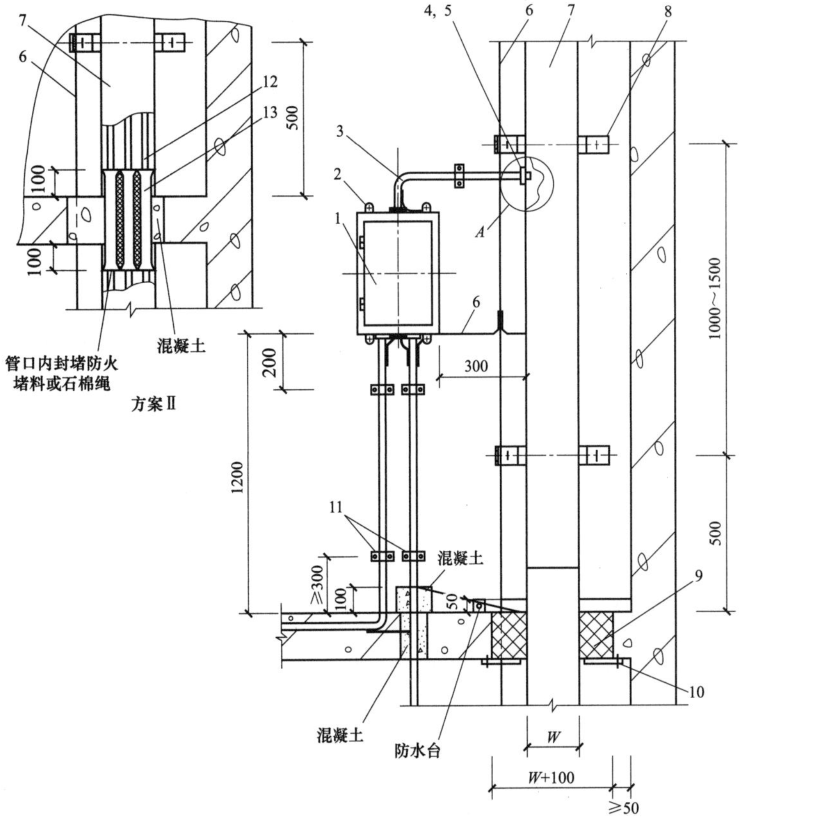

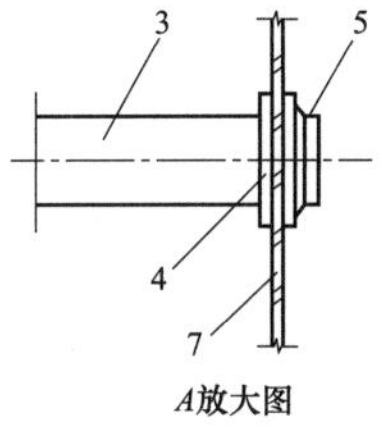

A放大图

注：采用方案Ⅱ时，保护管间距离应≥20mm。

材料明细表

编号	名 称	型号及规格	单位	数量		备 注
				Ⅰ	Ⅱ	
1	配电箱	见工程设计	台	1	1	
2	胀管螺栓	M8×35				
3	配线钢管	见工程设计	m			
4	根母	与钢管配套				
5	护口	与钢管配套				
6	接地线	见工程设计				
7	金属线槽	见工程设计				
8	支架	-40×4				
9	防火堵料					
10	防火隔板	钢板δ=4	块	1		
11	管卡	与钢管配套				
12	电缆	见工程设计	根	3	3	
13	保护管	见工程设计	根		3	

图 7-32 电井内连接示意图

参 考 文 献

[1] 朴芬淑．建筑给水排水施工图识读［M］．北京：机械工业出版社，2013.
[2] 闵玉辉．一天看懂建筑水暖电施工图［M］．福建：福建科技出版社，2016.
[3] 本书编委会．水暖施工图识读［M］．北京：中国建筑工业出版社，2015.
[4] 代卫洪．水暖工程施工图识读快学快用［M］．北京：中国建材工业出版社，2011.
[5] 李亚峰，叶友林．建筑给水排水施工图识读［M］．北京：化学工业出版社，2016.
[6] 王凤宝．建筑给水排水工程施工图［M］．北京：华中科技大学出版社，2010.
[7] 王全福．暖通识图快速入门［M］．北京：机械工业出版社，2013.
[8] 邬守春．民用建筑暖通空调施工图设计实用读本［M］．北京：中国建筑工业出版社，2013.
[9] 高霞，杨波．建筑采暖、通风、空调施工图识读技法［M］．安徽：安徽科学技术出版社，2011.
[10] 本书编委会．通风空调施工图识读入门［M］．北京：中国建材工业出版社，2012.
[11] 本书编委会．水暖工程施工图识读入门［M］．北京：中国建材工业出版社，2012.
[12] 曲云霞．暖通空调施工图解读［M］．北京：中国建材工业出版社，2009.